"十四五"职业教育国家规划教材

数据库系统及应用

新世纪高职高专教材编审委员会 组编

主　编　屈武江　张　宏　霍艳飞

副主编　陈金萍　陈　艳　吕宗明

　　　　高美真　程　亮　陈　鹏

第九版

U0245255

基于MySQL数据库

● "互联网+"新形态教材

● 微课视频讲解，通俗易懂，上手更快

● 配套资源丰富，更易于教，更乐于学

 大连理工大学出版社

图书在版编目(CIP)数据

数据库系统及应用 / 屈武江，张宏，霍艳飞主编
. -- 9 版. -- 大连：大连理工大学出版社，2021.8(2025.1重印)
新世纪高职高专计算机应用技术专业系列规划教材
ISBN 978-7-5685-2901-3

Ⅰ. ①数… Ⅱ. ①屈… ②张… ③霍… Ⅲ. ①数据库
系统－高等职业教育－教材 Ⅳ. ①TP311.13

中国版本图书馆 CIP 数据核字(2021)第 000498 号

大连理工大学出版社出版
地址：大连市软件园路 80 号　邮政编码：116023
发行：0411-84708842　邮购：0411-84708943　传真：0411-84701466
E-mail：dutp@dutp.cn　　　　URL：https://www.dutp.cn
大连永盛印业有限公司印刷　　　　大连理工大学出版社发行

幅面尺寸：185mm×260mm　　印张：17.75　　字数：454 千字
2002 年 8 月第 1 版　　　　　　　2021 年 8 月第 9 版
2025 年 1 月第 7 次印刷

责任编辑：李　红　　　　　　　　责任校对：马　双
封面设计：张　莹

ISBN 978-7-5685-2901-3　　　　　　　　定　价：55.80 元

本书如有印装质量问题，请与我社发行部联系更换。

前言

《数据库系统及应用》(第九版)是"十四五"职业教育国家规划教材、"十三五"职业教育国家规划教材,"十二五"职业教育国家规划教材,也是新世纪高职高专教材编审委员会组编的计算机应用技术专业系列规划教材之一。

数据库技术是 20 世纪 60 年代发展起来的数据库管理技术,是现代信息技术的重要组成部分。无论是数据库技术的基础理论、数据库技术应用、数据库系统开发,还是数据库商品软件推出方面都得到了迅速的发展。同时,数据库技术也是目前计算机行业中发展最快的领域之一,已经广泛应用于各行各业的数据处理系统之中。

MySQL 是一个小型的关系数据库管理系统,由瑞典 MySQL AB 公司开发,由于 MySQL 免费、体积小、速度快、成本低,尤其是功能强大和开放源码,因此在 Internet 上的中小型网站中得到了广泛的应用。目前雅虎、Google、新浪、网易、百度等公司已将部分业务数据迁移到 MySQL 数据库中。MySQL 数据库是目前运行速度最快的 SQL 数据库,是全球最受欢迎的数据库管理系统之一。

了解并掌握数据库知识已经成为各类科研人员和管理人员的基本要求,同时学习和掌握数据库操作的基本技能、利用数据库系统进行数据处理也是大学生必须具备的基本能力。本教材已经逐渐成为高等职业院校计算机应用技术、软件工程、信息管理等专业的一门重要专业课程,该课程既具有较强的理论性,又具有较强的实践性。

教材特色:

1.落实立德树人根本任务,将课程思政元素贯穿教材全过程。

教材按照企业对专业人才的知识、能力和素质要求,设置课程思政素质目标。将党的二十大报告中提出的"科技创新精神、奋斗精神、大国工匠精神、奉献精神、爱国主义精神、国家安全观"以及先进技术、职业素养、优秀中华传统文化、责任意识、社会主义核心价值观"等课程思政元素有机融入教材内容。通过课程思政的"教与学"全面提高学生的思想政治素养。

2. 全新的教材编写结构，按照"以学生为中心、学习成果为导向、促进自主学习"的思路进行教材开发设计。

本教材第九版改变了原有的章节式教材编写体系，采用基于工作过程的项目化和任务驱动的教学模式，按照"项目概述—知识准备—相关任务—项目实训—项目小结"的结构来整合理论知识、实践技能以及实训内容。在每个教学项目中都有相关知识点，使学习者能掌握相关理论知识，项目中的各任务使学生具备系统的实践技能，项目实训针对本项目的学习进一步强化训练。同时弱化"教学材料"的特征，强化"学习资料"的功能，通过教材引领，构建深度学习管理体系。教材紧紧围绕以学生为中心的教师引导、师生互动、生生互动等多种不定型的教学组织形式，促进学生自主学习。

3. 紧随数据库技术发展前沿，将 Visual FoxPro 程序设计语言调整为 MySQL。

随着数据库技术的发展，Visual FoxPro 程序设计语言在软件公司以及企业信息系统开发过程中已经渐渐被淘汰，应用范围逐步缩小。而 MySQL 数据库系统因其具有的诸多优势，适用于当前流行的 Web 应用程序开发。本教材将把 Visual FoxPro 9.0 程序设计语言全面调整为 MySQL，将 MySQL 作为教学内容的蓝本。

4. 突出学生职业能力的培养，教学案例贯彻教学的全过程。

上一版的教学案例碎片化，教学案例不连续，学生在学习的过程中不能形成整体软件开发设计思路。本版教材为解决这一问题，设计了两个教学案例项目，一个贯穿课堂教学全过程，另一个贯穿课后实习实训过程，培养学生具有工程软件设计思路，提高学生软件开发设计能力。

5. 校企合作，教材编写团队专业经验丰富。

本教材与企业一线专家合作，将真实的企业案例引入教材，强化学生职业岗位能力的训练和培养，同时编写团队长期从事高校一线教学工作，具有多年的数据库系统教学和技术开发经历，具有丰富的教学和实践经验。

6. 教材立体化配套，教学资源丰富。

本教材开发了线上线下相结合的教学资源，主要包括微课视频、教学标准、电子课件、电子教案、习题参考答案和脚本文件，为教师授课和学生自学提供了良好的支撑条件。

教学内容：

本教材是在长期从事数据库课程教学和科研的基础上编写的，共分为 10 个项目：初识学生信息管理数据库；安装与启动 MySQL；学生信息管理数据库的创建与管理；学生信息管理数据库的数据表创建与管理；查询和维护学生信息管理数据库中的数据；优化学生信息管理数据库；管理和维护学生信息管理数据库的存储过程；管理和维护学生信息管理数据库的触发器和事件；学生信息管理数据库的安全性管理；基于.NET 新闻发布与管理系统的设计与实现。

读者对象：

本教材全面介绍了 MySQL 数据库应用技术的相关理论知识和应用实践。适合作为高等院校计算机相关专业的数据库原理及应用教材，也可以作为数据库设计开发人员的参考资料。

　　本教材由大连海洋大学应用技术学院屈武江、焦作大学张宏、大连海洋大学应用技术学院霍艳飞任主编,大连海洋大学应用技术学院陈金萍、陈艳,宣城职业技术学院吕宗明,焦作师范高等专科学校高美真,山西经济管理干部学院程亮,周口职业技术学院陈鹏任副主编,大连伊莱科技有限公司冯会明参与编写。具体编写分工如下:项目1由屈武江编写;项目2由霍艳飞编写;项目3由张宏编写;项目4、项目5由陈金萍编写;项目6、项目8由吕宗明编写;项目7由高美真、程亮和陈鹏编写;项目9由陈艳编写;项目10由冯会明编写。全书由屈武江统稿并定稿。

　　在编写本教材的过程中,我们参考、引用和改编了国内外出版物中的相关资料以及网络资源,在此对这些资料的作者表示诚挚的谢意。请相关著作权人看到本教材后与出版社联系,出版社将按照相关法律的规定支付稿酬。

　　限于水平,书中仍有疏漏和不妥之处,敬请专家和读者批评指正,以使教材日臻完善。

编　者
2021 年 8 月

所有意见和建议请发往:dutpgz@163.com
欢迎访问职教数字化服务平台:https://www.dutp.cn/sve/
联系电话:0411-84707492　84706104

目 录

微课堂索引

项目 1

初识学生信息管理数据库

1. 数据库的基本概念；
2. 数据模型；
3. 关系运算；
4. 关系的规范化；
5. 关系数据库设计。

【知识目标】

1. 掌握数据库的基本概念；
2. 掌握关系代数的运算；
3. 掌握关系规范化理论；
4. 掌握数据库设计的过程。

【技能目标】

1. 具备关系代数运算的能力；
2. 具备关系模式分解的能力；
3. 具备给定应用系统进行数据库设计的能力。

1. 了解数据库发展史；
2. 了解计算机领域数据库人才需求。

项目概述

　　数据库技术是随着信息技术的发展和人们对信息需求的增加发展起来的,是计算机应用领域中非常重要的技术。数据库技术主要研究如何有序地组织和管理数据,以提供可共享的、安全可靠性的数据。从某种意义上讲,数据库的建设规模、信息容量和使用频率已成为衡量一个国家信息化程度的重要标志。

　　通过本项目的学习,学生将在掌握数据库基本概念和数据模型的基础上,具有关系代数运算的能力,具有应用关系规范化理论进行关系模式分解的能力,具有针对给定数据库应用系统进行关系数据库设计的能力。为后续学习 MySQL 数据库管理系统打下良好的理论基础。

知识储备

知识点1　数据库系统概述

一、信息与数据

1. 信息

　　计算机技术的发展把人类推进到信息社会,同时也将人类社会淹没在信息的海洋中,什么是信息?信息(Information)就是对各种事物的存在方式、运动状态和相互联系特征的一种表达和陈述,是自然界、人类社会和人类思维活动普遍存在的一切物质和事物的属性,它存在于人们的周围。

2. 数据

　　数据(Data)是用来记录信息的可识别的符号,是信息的具体表现形式。数据用型和值来表示,数据的型是指数据内容存储在媒体上的具体形式;值是指所描述的客观事物的具体特性。可以用多种不同的数据形式表示同一信息,信息不受数据形式的不同而改变。例如,一个人的身高可以表示为"1.80 米"或"1 米 8",其中"1.80 米"和"1 米 8"是值,但这两个值的型是不一样的,一个用数字来描述,而另一个用字符来描述。

　　数据不仅包括数字、文字形式,而且包括图形、图像、声音、动画等多媒体数据。

3. 数据处理

　　数据处理是指将数据转换成信息的过程,也称为信息处理。

　　数据处理主要包括数据的收集、组织、整理、存储、加工、维护、查询和传播等一系列活动内容。数据处理的目的是从大量的数据中,根据数据自身的规律和它们之间固有的联系,通过分析、归纳、推理等科学手段,提取出有效的信息资源。

　　例如,学生的各科成绩为原始数据,可以经过计算提取出平均成绩、总成绩等信息,其中计算提取的过程就是数据处理。

数据处理的工作分为以下三个方面：

（1）数据管理

数据管理的主要任务是收集信息，将信息用数据表示并按类别组织保存。数据管理的目的是快速、准确地提供必要的、可以被使用和处理的数据。

（2）数据加工

数据加工的主要任务是对数据进行变换、抽取和运算。通过数据加工得到更加有用的数据，以指导人的行为或事物的变化趋势。

（3）数据传播

数据传播的主要任务是在空间或时间上以各种形式传递数据。在数据传播的过程中，数据的结构、性质和内容是不会发生变化的。数据传播会使更多的人得到信息，并且更加理解信息的意义，使信息的作用能够充分发挥。

二、数据管理技术的发展历程

微　课

数据库管理技术的
发展历程

自 20 世纪 60 年代末、70 年代初以来，随着数据库技术的不断发展和完善，数据管理技术主要经历了三个阶段：人工管理阶段、文件系统阶段、数据库系统阶段。

1. 人工管理阶段

20 世纪 50 年代中期以前，计算机主要用于科学计算，数据处理都是通过手工方式进行的。当时的计算机上没有专门管理数据的软件，也没有像磁盘这种可以随时存取数据的外部存储设备。数据由计算或处理它的程序自行携带，数据和应用程序一一对应。因此，这一时期计算机数据管理的特点是数据的独立性差、数据不能被长期保存、数据的冗余度大、数据面向应用和没有软件对数据进行管理等。

2. 文件系统阶段

20 世纪 50 年代后期到 60 年代中后期，磁盘成为计算机的主要外存储器，并在软件方面出现了高级语言和操作系统，计算机不仅用于科学计算，还大量用于管理。在此阶段，数据以文件的形式进行组织，并能长期保留在外存储器上，用户能对数据文件进行查询、修改、插入和删除等操作。程序与数据有了一定的独立性，程序和数据分开存储，然而依旧存在数据的冗余度大及数据不一致性等缺点。

3. 数据库系统阶段

20 世纪 60 年代后期，计算机的硬件和软件都有了进一步的发展，计算机用于管理的规模越来越庞大，信息量的爆炸式膨胀带来了数据量的急剧增长，为了解决日益增长的数据量带来的数据管理上的严重问题，数据库技术逐渐发展和成熟起来。

数据库技术使数据有了统一的结构，对所有的数据进行统一、集中、独立的管理，以实现数据的共享，保证数据的完整和安全，提高了数据管理效率。在应用程序和数据库之间有数据库管理系统。数据库管理系统对数据的处理方式与文件系统不同，它把所有应用程序中使用的数据汇集在一起，并以记录为单位存储起来，便于应用程序使用。

数据库系统与文件系统相比，它克服了文件系统的缺陷，在数据管理方面有了一次重大的飞跃，主要特点是数据库中的数据是结构化的，数据冗余度小、易扩充，有较高的数据独立性、较高的数据共享性和数据由 DBMS 统一管理和控制等。

三、数据库系统的组成和体系结构

1. 数据库相关概念

(1)数据库(DataBase,DB)

数据库是长期存放在计算机内,有组织的、可共享的相关数据的集合,它将数据按一定的数据模型组织、描述和存储,具有冗余度较小、数据独立性和易扩展性较高,可被各类用户共享等特点。数据库不仅存放数据,而且存放数据之间的联系。

(2)数据库管理系统(DataBase Management System,DBMS)

数据库管理系统是位于用户与操作系统(OS)之间的数据管理软件,它为用户或应用程序提供访问数据库的方法,包括数据库的创建、查询、更新及各种数据控制,它是数据库系统的核心。目前比较流行的数据库管理系统有 Visual FoxPro、Access、MySQL、Sybase、SQL Server 和 Oracle 等。

数据库管理系统主要具有以下几个方面的功能:

①数据定义功能

DBMS 提供数据定义语言(Data Definition Language,DDL),用户通过 DDL 可以方便地对数据库中的数据对象进行定义。

②数据操纵功能

DBMS 还提供数据操纵语言(Data Manipulation Language,DML),用户可以使用 DML 操纵数据实现对数据的查询、插入、删除和修改等操作。

③数据库运行管理

数据库运行管理是 DBMS 运行的核心部分,包括并发控制、存取控制(安全性检查)、完整性约束条件的检查和执行、数据库内部的维护等。这些控制程序统一管理所有数据库的操作,保证了事务的正确运行和数据库的正确有效。

④数据库的建立和维护功能

数据库的建立和维护功能包括数据库初始数据的载入、转换功能,数据库的转储、恢复功能,数据库的重组织功能和性能监视、分析功能等。这些功能通常是由一些实用程序完成的。

(3)数据库应用系统(DataBase Application System,DBAS)

应用数据库技术管理各类数据的软件系统称为数据库应用系统。数据库应用系统的应用非常广泛,它可以用于事务管理、计算机辅助设计、计算机图形分析和处理及人工智能等系统中。学生信息管理系统就是典型的数据库应用系统。

(4)数据库系统(DataBase System,DBS)

数据库系统是指引入了数据库技术的计算机系统。数据库系统一般由数据库、数据库管理系统、硬件系统、软件系统和数据库管理员(DataBase Administrator,DBA)以及普通用户构成。

2. 数据库系统的组成

数据库系统是指引入了数据库技术的计算机系统,它能够按照数据库的方式存储和维护数据,并且能够向应用程序提供数据。数据库系统通常由数据库、数据库管理系统、硬件系统、软件系统和用户五个部分组成。

（1）数据库

数据库是一个以一定的组织方式存储在一起的、能为多个用户共享的、具有尽可能小的冗余度、与应用彼此独立的相互关联的数据集合。数据库体系结构分为两部分：一部分是存储应用所需的数据,称为物理数据库部分;另一部分是描述部分,描述数据库的各级结构,这部分由数据字典管理。

（2）数据库管理系统

数据库管理系统是专门用来管理和维护数据库的系统软件,它是数据库系统的核心,具有数据定义、数据操作和数据控制等功能。

（3）硬件系统

数据库系统对硬件资源的要求是要有足够大的内存来存放操作系统、数据库管理系统的核心模块、数据库数据缓冲区、应用程序以及用户的工作区。不同的数据库产品对硬件的要求也是不尽相同的。另外,数据库系统还要求硬件系统有较高的信道能力,以提高数据的传输速度。

（4）软件系统

软件系统主要包括操作系统和开发工具。操作系统要能够提供对数据库管理系统的支持。此外,还要有各种高级语言及其编译系统,这些高级语言应提供和数据库的接口。

（5）用户

数据库用户包括数据库管理员、系统分析员、数据库设计人员及应用程序开发人员和终端用户。他们是管理、开发和使用数据库的主要人员。由于不同人员的职责和作用不同,在使用数据库时,不同的用户涉及不同的数据抽象级别,具有不同的数据视图。

数据库管理员（DataBase Administrator,DBA）是高级用户,其任务是对使用中的数据库进行整体维护和改进,负责数据库系统的正常运行,是数据库中系统的专职管理和维护人员。

系统分析员负责应用系统的需求分析和规范说明,要和用户及 DBA 结合,确定系统的硬件和软件配置,并参与数据库系统的概要设计。

数据库设计人员负责数据库中数据的确定,数据库各级模式的设计;应用程序开发人员负责设计和编写应用程序的程序模块,并进行调试和安装。

终端用户是数据库的使用者,主要是使用数据库,并对数据库进行增加、修改、删除、查询和统计等,方式有两种:使用系统提供的操作命令或程序开发人员提供的应用程序。

3. 数据库系统的体系结构

数据库的体系结构分为三级模式和两级映像。

数据库的三级模式结构是数据的三个抽象级别,它把数据的具体组织留给 DBMS 去处理,用户只要抽象地处理数据,而不必担心数据在计算机中的表示和存储,这样就减轻了用户使用系统的负担。为了实现这三个抽象级别的联系和转换,DBMS 在三级结构之间提供了两级映像（Mapping）:外模式/

微 课

数据库系统的
体系结构

模式映像、模式/内模式映像。正是这两个映像保证了数据库系统中的数据能够具有较高的逻辑独立性和物理独立性。

(1)三级模式

模式(Schema)也称概念模式(Conceptual Schema),是对数据库中全部数据的逻辑结构和特征的描述,是所有用户的公共数据视图。它是数据库系统模式结构的中间层,既不涉及数据的物理存储细节和硬件环境,也不涉及具体的应用程序及使用的应用开发工具和高级程序设计语言。模式实际上是数据库数据在概念级上的视图,一个数据库只有一个模式。定义模式时不仅要定义数据的逻辑结构,而且要定义数据项之间的联系、不同记录之间的联系,以及与数据有关的完整性、安全性等要求。完整性是指数据的正确性、有效性和相容性,安全性主要是指保密性。数据库管理系统提供模式描述语言(Schema Data Definition Language,SDDL)来定义模式。

外模式(External Schema)也称子模式(Subschema),它是对数据库用户能够看见和使用的局部数据的逻辑结构和特征的描述,即个别用户设计的数据的逻辑结构。外模式通常是模式的子集,一个数据库可以有多个外模式。外模式是保证数据库安全性的一个有效措施,每个用户只能看见或访问对应的外模式中的数据,数据库中的其余数据是不可见的。数据库管理系统提供外模式描述语言(外模式 DDL)来定义外模式。

内模式(Internal Schema)也称存储模式(Storage Schema),一个数据库只有一个内模式。内模式是对数据物理结构和存储方式的描述,是数据在数据库内部的表示方式。内模式的设计目标是将系统的模式组织成最优的物理模式,以提高数据的存取效率,改善系统的性能指标。数据库管理系统提供内模式描述语言(内模式 DDL)来定义内模式。

(2)两级映像

外模式/模式映像:模式描述的是数据的全局逻辑结构,外模式描述的是数据的局部逻辑结构,同一个模式可以有任意多个外模式。对于每个外模式,数据库系统都有一个外模式/模式映像,它定义了该外模式与模式之间的对应关系。这些映像定义通常包含在各自外模式的描述中。

模式/内模式映像:是唯一的,它定义了数据库全局逻辑结构与存储结构之间的对应关系。该映像定义通常包含在模式描述中。

(3)数据独立性

数据独立性(Data Independence)是指应用程序和数据库的数据结构之间相互独立,不受影响。数据独立性分为物理独立性和逻辑独立性。

物理独立性是指当数据库的存储结构改变时,由数据库管理员对模式/内模式映像做相应改变,可以保证模式保持不变,因而应用程序也不必修改,保证了数据与程序的物理独立性。

逻辑独立性是指当模式改变时,由数据库管理员对各个外模式/模式影响做相应改变,可以使外模式保持不变。应用程序是依据数据的外模式编写的,因而应用程序不必修改,保证了数据与程序的逻辑独立性。

特定的应用程序是在外模式描述的数据结构上编制的,它依赖于特定的外模式,与数据库的模式和存储结构相独立。不同的应用程序可以共用同一外模式。数据库的两级映像保证了数据库外模式的稳定性,从而从底层保证了应用程序的稳定性,除非应用需求本身发生变化,否则应用程序一般不需要修改。

知识点 2　数据模型

一、信息描述

1. 信息世界的相关术语

（1）实体

客观存在并且可以相互区别的事物称为实体。实体可以是具体的事物，也可以是抽象的事件。如在学生信息管理系统中，系别、班级、学生、课程、选课和授课都是信息世界中的实体，其中学生、班级、系别和课程等都属于具体的实体，而选课、授课等都是比较抽象的实体。

（2）属性

描述实体的特性称为属性。一个实体可以用若干个属性来描述，如学生信息管理系统中的学生实体由学号、姓名、性别、出生日期等若干个属性组成。实体的属性由型和值来表示，例如，学生是一个实体，学生姓名、学号和性别是属性的型，也称为属性名，而具体的学生姓名如"张三、李四"，学生的学号如"20070001、20070002"，描述性别的"男或女"是属性的值。

（3）码

唯一标识实体的属性或属性组合称为码。例如在学生信息管理系统中系别实体的码是系号，班级实体的码是班号、学生实体的码是学号，而选课实体的码是学号与课程号的组合。

（4）域

属性的取值范围称为该属性的域。例如在学生信息管理系统中学生的学号属性的域为8位，姓名的域为字符集合，性别的域为（男，女）。

（5）实体型

具有相同属性的实体必然具有共同的特征和性质，用实体名及其属性名的集合来抽象和表达同类实体，称为实体型。例如，在学生信息管理系统中，学生（学号，姓名，性别，出生日期，家庭地址，邮政编码，电话，班号）就是一个实体型。

（6）实体集

同类实体的集合称为实体集，例如全体学生的集合，全体教师的集合等。

2. 实体之间的联系

在现实世界中，事物内部以及事物之间是有联系的，这些联系在信息世界中反映为实体（型）内部的联系和实体（型）之间的联系。实体内部的联系通常是指组成实体的各属性之间的联系；实体之间的联系通常是指不同实体集之间的联系。这里我们只讨论不同实体之间的联系。两个实体型之间的联系可以分为三类：

微　课

实体之间的联系

(1)一对一联系

如果对于实体集 A 中的每一个实体,实体集 B 至多存在一个实体与之联系;反之亦然,则称实体集 A 与实体集 B 之间存在一对一联系,记作 1∶1。

例如,一个班级只有一个正班长,而一个正班长只在一个班级中任职,则班级与班长之间存在一对一联系,如图 1-1(a)所示,电影院中观众与座位之间,乘车旅客与车票之间等都存在一对一的联系。

(2)一对多联系

如果对于实体集 A 中的每一个实体,实体集 B 中存在多个实体与之联系;反之,对于实体集 B 中的每一个实体,实体集 A 中至多只存在一个实体与之联系,则称实体集 A 与实体集 B 之间存在一对多的联系,记作 1∶n。

例如在学生信息管理系统中,班级与学生,一名班里有多名学生,一名学生只能在一个班里注册,则班级与学生之间存在一对多联系,如图 1-1(b)所示。

(3)多对多的联系

如果对于实体集 A 中的每一个实体,实体集 B 中存在多个实体与之联系,反之,对于实体集 B 中的每一个实体,实体集 A 中也存在多个实体与之联系,则称实体集 A 与实体集 B 之间存在多对多联系,记作 m∶n。

例如在学生信息管理系统中,学生和课程,一名学生可以选修多门课程,一门课程可同时由多名学生选修,则学生和课程之间存在多对多联系。如图 1-1(c)所示。

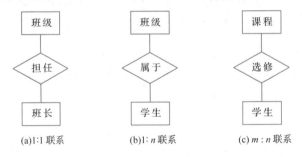

(a)1:1联系   (b)1∶n联系   (c)m∶n联系

图 1-1　两个实体集之间的三类联系

两个以上的实体集之间也存在着一对一、一对多、多对多的联系,如课程、教师和学生 3 个实体型。另外,在两个以上的多实体集之间,当一个实体集与其他实体集之间均存在多对多联系而其他实体集之间没有联系时,这种联系称为多实体集间的多对多的联系。

同一实体集内部的各实体也可以存在一对一、一对多和多对多的联系,如职工实体集内部具有领导与被领导的联系,即某一职工(干部)"领导"若干名职工,而一个职工仅被另外一个职工直接领导,因此这是一对多的联系。

其实在实体型之间的联系类型,一般都要有相应的约定,否则会出现歧义,如教师和课程之间,如果约定一位教师可以讲授多门课程,一门课程由多个教师讲授,则课程和教师之间存在多对多的联系,而如果约定一位教师只讲授一门课程,而一门课程由多个教师讲授,则课程和教师之间存在一对多的联系。

二、数据模型

模型是对现实世界特征的模拟和抽象,数据模型也是一种模型,在数据库技术中,用数据模型对现实世界数据特征进行抽象,来描述数据库的结构与语义。

1. 数据模型的三要素

数据模型是严格定义的一组概念的集合,这些概念精确地描述了系统的静态特征(数据结构)、动态特征(数据操作)和数据约束条件,它们是数据模型的三要素。

(1)数据结构

数据结构用于描述系统的静态特征,是所研究的对象类型的集合,这些对象是数据库的组成部分,包括两个方面:

数据本身:数据的类型＝内容＋性质等。例如关系模型中的域、属性和关系等。

数据之间的联系:数据之间是如何相互关联的。例如关系模型中的主码、外码联系等。

(2)数据操作

数据操作是对数据库中各种对象的实例允许执行的操作集合。数据操作包括操作对象及有关的操作规则,主要有检索和操纵两类。

数据模型必须对数据库中的全部数据操作进行定义,指明每项数据操作的确切含义、操作对象、操作符号、操作规则以及对操作的语言约束等。数据操作是对系统的动态特征的描述。

(3)数据约束条件

数据约束条件是一组完整性规则的集合。完整性规则是给定数据模型中的数据及其联系所具有的制约和依存规则,用以限定符合数据模型的数据库状态及其状态的变化,以保证数据的正确、有效和相容。

2. 数据模型的分类

数据库管理系统所支持的数据模型分为三种:层次模型、网状模型和关系模型。

数据模型的分类

(1)层次模型

用树形结构描述数据和数据之间联系的模型称为层次模型,也称为树状模型。

在这种模型中,数据被组织成由"根"开始的"树",每个实体由根开始沿着不同的分支放在不同的层次上,如果不再向下分支,那么此分支序列中最后的节点称为"叶"。上级节点与下级节点之间为一对一或一对多的联系。

层次模型的特点:

①有且仅有一个节点无双亲,这个节点称为根节点。

②除根节点之外,其他节点有且仅有一个双亲。

层次模型只能描述一对一联系和一对多联系,不能描述多对多联系。

（2）网状模型

用网状结构描述数据及数据之间联系的模型称为网状模型，也称网络模型。

网状模型的特点：

①一个节点可以有多个双亲节点。

②一个以上的节点没有双亲节点。

网状模型可以描述一对一联系、一对多联系和多对多联系。

（3）关系模型

用二维表结构描述数据及数据之间联系的模型称为关系模型，它是基于严格的数学理论基础之上建立的数据模型。

在关系模型中基本数据结构被限制为二维表格。因此，在关系模型中，每一张二维表称为一个关系。关系是由若干行与若干列所构成的。描述学生信息管理系统中学生情况的二维表见表1-1。

表 1-1　　　　　　　　　　　　　　学生情况二维表

学号	姓名	性别	出生日期	家庭地址	邮政编码	电话号码	班号
20190001	于海洋	男	1999-04-03	大连市	116000	135986＊＊＊＊＊＊	1201
20190002	马英伯	男	1999-02-12	沈阳市	110000	136996＊＊＊＊＊＊	1201
20190003	卞 冬	女	1999-12-01	鞍山市	114000	138881＊＊＊＊＊＊	1202
20190004	王义满	男	2000-05-05	丹东市	118000	130916＊＊＊＊＊＊	1202
20190005	王月玲	男	1999-12-06	沈阳市	110000	137955＊＊＊＊＊＊	1202
20190006	王巧娜	男	1999-01-01	阜新市	112300	135943＊＊＊＊＊＊	1203
20190007	王 亮	女	1999-01-02	辽阳市	111000	135345＊＊＊＊＊＊	1203
20190008	付文斌	男	1999-04-03	大连市	116000	135123＊＊＊＊＊＊	1204
20190009	白晓东	女	2000-07-06	沈阳市	110000	135890＊＊＊＊＊＊	1204
20190010	任凯丽	男	1999-03-04	阜新市	112300	135789＊＊＊＊＊＊	1204

知识点 3　关系模式和关系运算

一、关系数据库

1. 关系模式的相关术语

（1）关系

一个关系对应于一张二维表，每个关系有一个关系名。在数据库系统中称为"表"。

（2）元组

二维表中每一行称为一个元组。在数据库系统中称为"记录"。

（3）属性

二维表中每列称为属性。在数据库系统中称为"字段"。

(4)关键字

二维表中能唯一标识一个元组的属性或者是属性组合称为关键字。在数据库系统中称为"主键"。

(5)外键

有两个二维表 R 和 S，其中属性 A 是 R 表的主键，但不是 S 表的主键，在 S 表中属性 A 称为外键。在数据库系统中称为"外部关键字"。

2. 关系模式

关系的描述称为关系模式，关系模式可以简记为 $R(A_1,A_2,A_3,...)$，其中 R 为关系名，A_1,A_2,A_3 为属性名。

3. 关系的性质

(1)同一属性的数据具有同质性，即每一列中的分量是同一类型的数据，它们来自同一个域。

(2)同一关系的属性名具有不可重复性，即同一关系中不同属性的数据可出自同一个域，但不同的属性要给予不同的属性名。

(3)关系中列的位置具有顺序无关性，即列的次序可以任意交换。

(4)关系具有元组无冗余性，即关系中的任意两个元组不能完全相同。

(5)关系中元组的位置具有顺序无关性，即元组的顺序可以任意交换。

(6)关系中每个分量必须取原子值，即每个分量都必须是不可分的数据项。

二、关系运算

关系运算的对象和结果都是一个关系。关系代数的运算分为两类，一类是传统的集合运算，另一类是专门的关系运算。

1. 传统的集合运算

传统的集合运算分为并、交、差、广义笛卡尔积。这类运算将关系看成元组的集合，运算是从行的角度进行。

传统的集合运算都是二目运算。除广义笛卡尔积运算外要求两个关系具有相同的属性，且相应的属性取自同一个域。现有关系 R 和关系 S，其结构和元组见表 1-2 和表 1-3。

表 1-2　关系 R

A	B	C
1	1	1
2	2	2
3	3	3

表 1-3　关系 S

A	B	C
4	4	4
3	3	3
5	5	5

(1)并(Union)运算

关系 R 和关系 S 具有相同的属性。关系 R 与关系 S 的并运算是由属于 R 或属于 S 的元组组成。其结果关系的属性不变，元组是关系 R 和关系 S 的合并。记作：$R \cup S$。

例 1-1 对关系 R 和关系 S 的数据做并运算,结果见表 1-4。

表 1-4 $R \cup S$ 的结果

A	B	C
1	1	1
2	2	2
3	3	3
4	4	4
5	5	5

(2)交(Intersection)运算

关系 R 和关系 S 具有相同的属性。关系 R 与关系 S 的交运算是由既属于 R 又属于 S 的元组组成。其结果关系的属性不变,元组是关系 R 和关系 S 的公共元组。记作 $R \cap S$。

例 1-2 对关系 R 和关系 S 的数据做交运算,结果见表 1-5。

表 1-5 $R \cap S$ 的结果

A	B	C
3	3	3

(3)差(Difference)运算

关系 R 和关系 S 具有相同的属性。关系 R 与关系 S 的差由属于 R 而不属于 S 的元组组成。其结果关系的属性不变。记作:$R - S$。

例 1-3 对关系 R 和关系 S 的数据做差运算,结果见表 1-6。

表 1-6 $R - S$ 的结果

A	B	C
1	1	1
2	2	2

(4)广义笛卡尔积

关系 R 为 M 个属性,关系 S 为 N 个属性,则关系 R 和关系 S 的广义笛卡尔积为 $(M+N)$ 元组的集合。记作:$R \times S$。

例 1-4 对关系 R 和关系 S 的数据做广义笛卡尔积运算,结果见表 1-7。

表 1-7 $R \times S$ 的结果

$R.A$	$R.B$	$R.C$	$S.A$	$S.B$	$S.C$
1	1	1	4	4	4
1	1	1	3	3	3
1	1	1	5	5	5
2	2	2	4	4	4
2	2	2	3	3	3
2	2	2	5	5	5
3	3	3	4	4	4
3	3	3	3	3	3
3	3	3	5	5	5

2. 专门的关系运算

专门的关系运算包括选择运算、投影运算、连接运算和除运算等。

(1)选择(Selection)运算

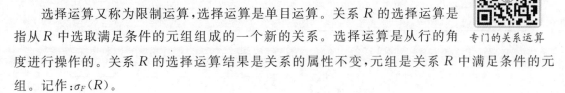

微课

专门的关系运算

选择运算又称为限制运算,选择运算是单目运算。关系 R 的选择运算是指从 R 中选取满足条件的元组组成的一个新的关系。选择运算是从行的角度进行操作的。关系 R 的选择运算结果是关系的属性不变,元组是关系 R 中满足条件的元组。记作: $\sigma_F(R)$ 。

其中 σ 表示选择运算符, R 是关系名, F 是选择条件。

F 是一个逻辑表达式,取值为"真"或"假", F 由逻辑运算符 $\wedge$ (and)、$\vee$ (or)、$\neg$ (not)连接各种算术表达式组成。

例 1-5 对关系 R 做选择运算,选择条件是属性 A 为 1,其结果见表 1-8。

表 1-8　　　　　$\sigma_{A=1}(R)$ 的结果

A	B	C
1	1	1

(2)投影(Projection)运算

投影运算也是单目运算。关系 R 的投影运算是指从关系 R 中选取若干个属性组成一个新的关系。投影运算是从列的角度进行操作的。关系 R 的投影运算的结果是关系的元组不变,属性为选取的属性个数。记作: $\prod_{i1,i2,i3,i4}(R)$ 。

其中 $i1,i2,i3,i4$ 是关系 R 的属性列名,按列的顺序选取。

例 1-6 对关系 R 做投影运算,选取 A 和 C 列。其结果见表 1-9。

表 1-9　　　　　$\prod_{A,C}(R)$ 的结果

A	C
1	1
2	2
3	3

(3)连接(Join)运算

连接运算是双目运算。它是从两个关系的笛卡尔积中选取属性间满足一定条件的元组所组成的一个新的关系。记作: $R\infty S=\sigma_{A\theta B}(R\times S)$ 。

其中 A 和 B 分别是 R 和 S 上度数相等且可比的属性组。θ 是比较运算符,可以是 $>$ 、$<$ 、$\geqslant$ 、$\leqslant$ 、$=$ 、$\neq$ 等符号。连接运算从 R 和 S 的笛卡尔积 $R\times S$ 中选取 R 关系在 A 属性上的值与 S 关系在 B 属性上的值满足比较关系 θ 的元组组成的一个新的关系。θ 为"$=$"的连接运算称为等值连接。

现有关系 M 和关系 N ,见表 1-10 和表 1-11。

表 1-10　　　关系 M

A	B	C
a	1	a
b	2	b
a	2	c

表 1-11　　　关系 N

B	C	D
1	a	3
2	a	2
3	b	2
2	c	1
2	d	1
1	b	2

例 1-7 对关系 M 和关系 N 做等值连接运算，连接条件为 $M.B = N.B$。其结果见表 1-12。

表 1-12　　　　关系 N 和关系 S 的等值连接结果

M.A	M.B	M.C	N.B	N.C	N.D
a	1	a	1	a	3
a	1	a	1	b	2
b	2	b	2	a	2
b	2	b	2	c	1
b	2	b	2	d	1
a	2	c	2	a	2
a	2	c	2	c	1
a	2	c	2	d	1

● 自然连接（National Join）运算

自然连接是最常用的连接之一，它是连接运算的特例。自然连接是指从两个关系的笛卡尔积中选择出公共属性值相等的元组并去掉重复属性所构成的新的关系。记作：$R * S$。

例 1-8 对表 1-10、表 1-11 的关系 M 和关系 N 做自然连接运算，其结果见表 1-13。

表 1-13　　　　关系 M 和关系 S 的自然连接结果

A	B	C	D
a	1	a	3
a	2	c	1

（4）除（Division）运算

除运算是双目运算，表示同时从关系的水平方向和垂直方向进行运算。给定关系 $R(X,Y)$ 和 $S(Y,F)$，X、Y、F 为属性组。$R \div S$ 应当满足元组在 X 上的分量值 x 的象集 Y_x 包含关系 S 在属性组 Y 上的投影的集合。记作：$R \div S$。

现有关系 R 和关系 S，见表 1-14 和表 1-15。

表 1-14	关系 R		表 1-15	关系 S

X	Y
$x1$	$y1$
$x2$	$y2$
$x2$	$y3$
$x2$	$y1$

Y	F
$y1$	$f1$
$y2$	$f3$

例 1-9 对关系 R 和关系 S 做除运算。其结果见表 1-16。

表 1-16　关系 R 和关系 S 的除运算结果

X
$x2$

知识点 4　关系的规范化理论

关系数据库设计的任务是针对一个给定的应用环境,在给定的硬件环境、操作系统及数据库管理系统等软件环境下,创建一个性能良好的数据库模式、建立数据库及其应用系统,使之能有效地存储和管理数据,满足各类用户的需求,关系模式设计的好坏将直接影响到数据库设计的成败。将关系模式规范化,使之达到较高的范式是设计好关系模式的唯一途径,否则,设计的关系数据库会产生一系列的问题。

一、不合理关系存在的问题

下面以一个实例说明如果一个关系没有经过规范化可能会出现的问题。

例如,要设计学生信息管理数据库,希望从该系统中得到学生学号、姓名、出生日期、性别、系别、学生学习的课程名和该课程的成绩信息。若将此信息要求设计为一个关系,则关系模式如下:

微　课

不合理关系存在的问题

student(sno,sname,ssex,sbirthday,deptname,cname,grade)

各属性分别表示学号、姓名、性别、出生日期、系部名称、课程名和成绩。

该关系模式中各属性之间的关系为:

一个系有若干名学生,但一名学生只属于一个系;

一名学生可以选修多门课程,每门课程可被若干名学生选修;

每名学生学习的每门课程都有一个成绩。

通过以上关系模式,可以看出,此关系模式已经包括了需要的信息,如果按此关系模式建立关系,并对它进行深入分析,就会发现其中的问题。关系模式 student 的实例见表 1-17。

表 1-17　　　　　　　　　　　　　　关系模式 student 的实例

sno	sname	sbirthday	deptname	cname	grade
10701001	郭玉娇	1988-3-4	电子信息系	高等数学	78
10701001	郭玉娇	1988-3-4	电子信息系	马克思主义	84
10701001	郭玉娇	1988-3-4	电子信息系	数字电路	68
10701002	张蓓蕾	1988-2-25	电子信息系	高等数学	92
10701002	张蓓蕾	1988-2-25	电子信息系	数字电路	77
10701003	姜鑫锋	1989-3-6	电子信息系	高等数学	80
10701003	姜鑫锋	1989-3-6	电子信息系	马克思主义	83
10701003	姜鑫锋	1989-3-6	电子信息系	数字电路	92
……	……	……	……	……	……

从表 1-17 中的数据情况可以看出，该关系存在以下问题。

1. 数据冗余太大

每名学生的学号、姓名、性别和出生日期存储的次数等于该学生乘以学生选修的课程门数，数据重复量太大。

2. 插入异常

当一个新的系没有招生时，或系里有学生但没有选修课程，系部名称无法插入数据库中。因为在这个关系模式中主键是(sno, cname)，这时没有学生而使得学生无值，或学生没有选课而使得课程名无值。但在一个关系中，主键属性不能为空值，因此关系数据库无法操作，导致插入异常。

3. 删除异常

当某系的学生全部毕业而又没有招新生时，删除学生信息的同时，系部名称的信息随之删除，但这个系依然存在，而在数据库却无法找到该系的信息，即出现了删除异常。

4. 更新异常

若修改课程名称，则选修了该门课程的学生记录应全部修改，如果稍有不慎，某些记录漏改了，则造成数据的不一致，即出现了更新异常。

为什么会发生插入异常和删除异常？原因是该关系模式中属性与属性之间存在不好的数据依赖。一个"好"的关系模式应当不会发生插入、更新和删除异常，并且尽可能减少数据冗余。

二、函数依赖

关系模式产生上述问题的原因以及消除这些问题的方法都与数据依赖的概念密切相关。数据依赖是可以作为关系模式的取值的任何一个关系所必须满足的一种约束条件，是通过一个关系中数据间值的相等与否体现出来的相互关系。这是现实世界属性间相互联系的抽象，是数据内在的性质，是语义的体现。数据依赖极为普遍地存在于现实世界中。

1. 函数依赖的概念

定义 1.1　设 $R(U)$ 是属性集 U 上的关系模式，X,Y 是 U 的子集。若对于 $R(U)$ 的任意可能的关系 r，r 中不可能存在两个元组在 X 上的属性相等，而在属性 Y 上的属性值不等，则称 X 函数确定 Y 或 Y 依赖于函数 X。

从定义可以看出，函数依赖实质上是对现实世界中事物属性之间的相关性的一种断言。它说明，在一个具体关系中，如果给定了一个属性的值，就可以获得（查到）其他属性的值。例如表 1-18 所示的关系 student，假定每名学生都有唯一的学号 sno，每名学生有且只有一个系名 deptname，则只要给定 sno 的值，就可以弄清楚该学生的系别。我们说"系部名称"函数依赖于"学号"，或"学号"函数决定"系部名称"。函数依赖使用下面的形式书写：

sno→deptname

按习惯，我们一般将箭头左边的属性称为决定因素。

如果 $X→Y$，并且 Y 不是 X 的子集，则称 $X→Y$ 是非平凡的函数依赖。若 Y 是 X 的子集，则称 $X→Y$ 是平凡的函数依赖，我们讨论的都是非平凡的函数依赖。

表 1-18　　　　　　　　　　　　　学生系别关系 student

sno	sname	sbirthday	ssex	Deptname
10701001	郭玉娇	1988-3-4	女	电子信息系
10701001	郭玉娇	1988-3-4	女	电子信息系
10701001	郭玉娇	1988-3-4	女	电子信息系
10701002	张蓓蕾	1988-2-25	女	电子信息系
10701002	张蓓蕾	1988-2-25	女	电子信息系
10701003	姜鑫锋	1989-3-6	男	电子信息系
10701003	姜鑫锋	1989-3-6	男	电子信息系
10701003	姜鑫锋	1989-3-6	男	电子信息系
……	……	……	……	……

对于函数依赖，有几点是我们应该注意的：

（1）函数依赖是指关系模型 R 中所有的元组都要满足的约束条件，而不仅仅是某个或某些元组的特例。

（2）函数依赖并不一定具有可逆性。仍以表 Student 为例，如果 sno 决定 deptname，则一个特定的 sno 的值只能和一个特定的 deptname 配对。相反，一个 deptname 值可以和一个或多个 sno 值配对（一个系有多名学生）。因此 deptname（系部名称）并不能决定 sno（学生学号）。也就是说，如果 $X→Y$，但反过来不一定 $Y→X$。一般，如果 A 决定 B，那么，A 和 B 之间的关系是一对多（$1:n$）的关系。

（3）函数依赖中可以包含属性组。考虑关系 sc(sno,cname,grade)，各属性分别表示学号、课程名、成绩，见表 1-19，表中每行的意思是某位学生的某门课程的成绩。当我们要查找成绩时，必须事先知道该学生的学号和该门课程的课程名，缺一不可。"学号"和"课程名"的结合决定"成绩"，该函数依赖记作：

(sno,cname)→grade

在表 1-19 中,某名同学的某门课程的"成绩"值只能由"学号"值和"课程号"组合值唯一确定。

表 1-19　　　　　　　　　　　　　　　　学生成绩关系 sc

sno	cname	grade
10701001	高等数学	78
10701001	马克思主义	84
10701001	数字电路	68
10701002	高等数学	92
10701002	数字电路	77
10701003	高等数学	80
10701003	马克思主义	83
10701003	数字电路	92
……	……	……

2. 依赖的逻辑蕴涵

在讨论函数依赖的时候,实际情况经常需要我们在已知的一组函数依赖的基础上,去判断另外一些函数依赖是否成立。例如,R 是一个关系模式,A,B,C 为其属性,如果已知 R 中有函数依赖 $A{\rightarrow}B,B{\rightarrow}C$,那么 $A{\rightarrow}C$ 是否就一定成立呢? 这就是函数依赖的蕴涵要研究的问题。

定义 1.2　函数依赖的逻辑蕴涵:设 F 是关系模式 $R(U)$ 上已知的函数依赖集,X,Y 是 R 上的属性集合 U 的子集,如果从 F 已有的函数依赖中能够推导出 $X{\rightarrow}Y$,则称 F 逻辑蕴涵 $X{\rightarrow}Y$,或称 $X{\rightarrow}Y$,或称 $X{\rightarrow}Y$ 可以从 F 导出。

最后,我们回到开始提出的问题。在 F 中如果 $A{\rightarrow}B,B{\rightarrow}C$,是否就存在 $A{\rightarrow}C$ 的函数依赖呢? 答案是肯定的。为了证明这一点,我们假设 r 是一个满足 $A{\rightarrow}B$ 和 $B{\rightarrow}C$ 的关系,且它有两个这样的元组 t 和 u,在属性 A 上它们有相同的分量,但在属性 C 上它们有不同的分量。然后我们问,t 和 u 在属性 B 上是否相同? 如果不同,则 r 不满足 $A{\rightarrow}B$。如果相同,则 r 不满足 $B{\rightarrow}C$,因为 u 和 t 在 C 上不同。于是,r 必须满足 $A{\rightarrow}C$。

3. 关键字

每个关系都至少有一个关键字,所谓的关键字就是由一个或多个属性组成的可唯一标识一个元组(二维表中的一行)的属性组。关键字也可以由一组属性联合组成。例如,如果允许一名学生同时选修多门课程,那么一个 sno 的值就可能出现在表中的多行里,因此 sno 便不能唯一地标识表中的一行,这时就需要某些属性的组合,如(sno,cname)。

接下来我们把关键字的概念和函数依赖联系起来,用函数依赖给关键字下一个更加严谨的定义。

定义 1.3　设 $R(U)$ 为一个关系模式,X,Y 是 U 的一个子集,如果对 X 给定任何一个值,都有唯一的 Y 与之对应,并且不存在 Y 包含 X,则称 X 为 R 的一个候选键,或称为关键字。

关键字是能唯一确定一个实体的最少属性的集合。对于一个具体的关系来说,可能不止存在一个关键字,通常我们选择其中的一个作为主键。

包含在任何一个关键字中的属性称为主属性,不包含在关键字中的属性称为非主属性,或者叫非键属性。

定义 1.4　设 X 是关系模式 R 中的属性或属性组,且 X 并非 R 中的键,而是另一个关系模式 T 的键,则称 X 是 R 的外键。

例如,关系模式 student(sno,sname, sbirthday,ssex,deptno)和关系模式 department(deptno,deptname),在关系模式 student 中 deptno 不是主键,只是一个非主属性,而在关系模式 department 中 deptno 是主键,于是,deptno 对关系模式 student 来说便是一个外键。

定义 1.5　在关系模式 $R(U)$ 中,如果 $X \rightarrow Y$,且对 X 中的任一真子集 X' 使得 $X' \rightarrow Y$ 成立,则称 Y 部分依赖于 X,否则,称 Y 完全依赖于 X。

例如在关系 PGP(产品号,零件号,数量)中,增加一个属性"零件质量",则在新的关系 PGP(产品号,零件号,零件质量,数量)中,函数依赖如下:

(产品号,零件号)→零件质量

零件号→零件质量

"零件号"只是主键(产品号,零件号)的一部分,故发生了部分函数依赖。

定义 1.6　在关系模式 $R(U)$ 中,如果 $X \rightarrow Y$,$Y \rightarrow Z$,且满足 $Y \not\subset X$,而不存在 $Y \rightarrow X$,则称 Z 对 X 传递依赖。

例如在关系模式(零件号,零件名,设计人,设计人等级)中,有如下函数依赖:

零件号→零件名

零件号→设计人

设计人→设计人等级

故"设计人等级"传递依赖于"零件号"。

三、关系数据库的规范化

利用规范化理论,使关系模式的函数依赖集满足特定的要求,满足特定要求的关系模式称为范式。关系按其规范化程度从低到高可分为 1NF,2NF,3NF,BCNF,4NF 和 5NF。规范化程度较高都必是较低者的子集,即:

5NF∈4NF∈BCNF∈3NF∈2NF∈1NF

微 课

关系的规范化

一个低一级范式的关系模式,通过模式分解可以转换成若干个高一级范式的关系模式的集合,这个过程称作规范化。

1. 第一范式(1NF)

定义 1.7　在关系模式 R 中的每一个具体关系 r 中,如果每个属性值都是不可再分的最小数据单位,则称 R 是第一范式的关系。

通俗地讲,第一范式要求关系中的属性必须是原子项,即不可再分的基本类型,集合、数组和结构不能作为某一属性出现,严禁关系中出现"表中有表"的情况。

任何符合关系定义的数据表都满足第一范式的要求。第一范式中的关系虽然可以使用,但总会有更新异常、插入异常和较大的数据冗余。因此,我们必须进一步对此关系进行规范化,这就导致了第二范式的产生。

2. 第二范式(2NF)

定义 1.8　如果关系范式 R 满足第一范式,而且它的所有非主关键字属性完全依赖于整个主关键字(也就是说,不存在部分函数依赖),则 R 满足第二范式。

根据这一定义,凡是以单个属性作为关键字的关系就自动满足 2NF。因为关键字的属性只有一个,就不可能存在部分依赖的情况。因此,第二范式只是针对主关键字是属性组合的关系。

在此以选课情况表为例,student(sno,sname,ssex,sbirthday,deptno,deptname,cname,grade),各属性分别表示学号、姓名、性别、出生日期、系号、系部名称、课程名和成绩。

选课情况表中,我们知道该关系模式属于1NF,因为关系中所有的属性均已不能再分,但该关系不属于2NF,因为在这个关系中,存在着部分函数依赖:该关系的主关键字是(sno,cname),但字段"deptno"只由学号sno决定,而与cname无关。换言之,属性"deptno"只是部分依赖于主关键字(sno,cname),而不是完全依赖。部分依赖的存在,是关系模式产生冗余和更新异常的一个内在原因。因此,我们必须按2NF要求分解该关系。

在数据库的设计实践中,我们一般采用投影分解的方法将一个1NF的关系分解成两个或多个满足2NF要求的关系。在本例中,根据具体的函数依赖关系把关系模式student分解为两个子关系模式:

student(sno,sname,ssex,sbirthday,deptno,deptname)

sc(sno,cname,grade)

两个关系模式都属于2NF,但第二范式还远非完善,满足第二范式的关系仍存在着插入、删除和修改的异常,存在这些问题的原因是关系模式中存在传递函数依赖,传递函数依赖是导致数据冗余和存储异常的另一个原因。所以,满足第二范式的关系模式还需要向第三范式转化,除去非主属性对关键字的传递函数依赖。

3. 第三范式(3NF)

定义1.9 如果某关系模式 R 满足第二范式,而且它的任何一个非主属性都不传递依赖于任何关键字,则 R 满足第三范式。换句话说,如果一个关系模式 R 不存在部分函数依赖和传递函数依赖,则 R 满足3NF。

当一个关系模式中存在传递依赖时,应把它分解成两个关系模式,消去传递依赖。如上述关系 student(sno,sname,ssex,sbirthday,deptno,deptname) 中就存在着传递依赖,该关系的主键为学号 sno,sno→deptno,而 deptno→deptname,则 sno→deptname。为了消去传递依赖,将关系模式 student 分解为 student(sno,sname,ssex,sbirthday,deptno) 和 department(deptno,deptname),两个新的关系模式都不存在传递函数依赖,所以都属于第三范式,从而避免了在第二范式下出现的插入、删除等异常现象,并进一步控制了数据的冗余度。

经过1NF,2NF,3NF的规范化,我们基本上消除了关系模式中的部分函数依赖、传递函数依赖。

由第1范式到第3范式实际就是关系数据库结构的逻辑设计和优化过程。规范化的目标就是将关系最密切的数据项设计为一个数据表结构。规范化方式实际是表的分解操作,即将不符合范式规定的属性从原来的表分解出去,建立新表,直到满足范式要求为止。

在一般情况下,3NF关系排除了非主属性对于主键的部分依赖和传递依赖,把能够分离的属性尽量分解为单独的关系了,满足3NF的关系已经能够减少数据冗余和消除各种异常。对于具有几个复合候选键,且键内属性有一部分互相覆盖的关系时,仅满足3NF的条件仍可能发生异常,应进一步用BCNF的条件去限制它。在此不再详述。

知识点5　关系数据库的设计

一、数据库设计的任务与目标

1. 数据库设计的任务

数据库设计是指根据用户需求研究数据库结构并应用数据库的过程,具体地说,是指对于给定的应用环境,构造最优的数据库模式,创建数据库并建立其应用系统,使之能有效地存储数据,满足用户的信息要求和处理要求。也就是把现实世界中的数据,根据各种应用处理的要求,加以合理组织,使之能满足硬件和操作系统的特性,利用已有的DBMS来创建能够实现系统目标的数据库。数据库设计的优劣将直接影响到信息系统的质量和运行效果。因此,设计一个结构优化的数据库是对数据进行有效管理的前提和正确利用信息的保证。

2. 数据库设计的目标

数据库设计的目标是真实地反映现实世界中的数据及其之间的联系,减少有害的数据冗余,实现数据共享,消除数据异常插入、异常删除、异常更新。保证数据的独立性,使数据可修改、可扩充,提高数据库的访问速度和存储空间,易于维护。

考虑数据库及其应用系统开发的全过程,将数据库的设计分为以下六个设计阶段:需求分析、概念结构设计、逻辑结构设计、数据库物理设计、数据库实施、数据库运行和维护。

二、需求分析

需求分析简单地说就是分析用户的要求。需求分析是设计数据库的起点,需求分析的结果是否准确反映用户的实际需求,将直接影响到后面各个阶段的设计,并影响到设计结果是否合理和实用。

从数据库设计的角度来看,需求分析的任务是:详细调查现实世界处理的对象(如组织、部门、企业等),通过对原系统(手工系统或计算机系统)工作概况的了解,收集支持新系统的基础数据并对其进行处理,在此基础上确定新系统的功能。

1. 需求分析阶段的任务

(1)调查分析用户活动

通过对新系统运行目标的研究,对现行系统所存在的主要问题以及制约因素的分析,明确用户总的需求目标,确定这个目标的功能域和数据域。

(2)收集和分析需求数据,确定系统边界

在熟悉业务活动的基础上,协助用户明确对新系统的各种需求,包括用户的信息需求、处理需求、安全性和完整性的需求等。

(3)编写系统分析报告

需求分析阶段的最后是编写系统分析报告,通常称为需求规范说明书。需求规范说明书是对需求分析阶段的一个总结。编写系统分析报告是一个不断反复、逐步深入和逐步完善的过程。

2. 需求分析的方法

需求分析的方法有多种,主要方法有自顶向下和自底向上两种,如图 1-2 所示。

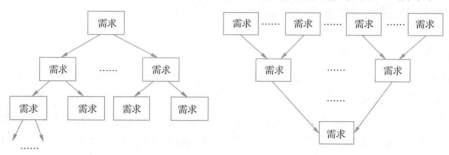

图 1-2　需求分析的方法

其中自顶向下的分析方法是最简单实用的方法。SA 方法从最上层的系统组织机构入手,采用逐层分解的方式分析系统,用数据流图(Data Flow Diagram,DFD)和数据字典(Data Dictionary,DD)描述系统。

(1)数据流图

数据流图是从"数据"和"处理"两方面表达数据处理过程的一种图形化的表示方法。在数据流图中,用圆形表示数据处理(加工);用有向线段表示数据的流动及流动方向,即数据的来源和去向。在系统需求分析阶段,不必确定数据的具体存储方式,将来这些数据存储可能是数据库中的关系,也可能是操作系统的文件。

数据流图中的"处理"抽象表达了系统的功能要求,系统的整体功能要求可以分解为系统的若干子功能要求。

通过逐步分解的方法,数据流图可以作为自顶而下细化时描述对象的工具。顶层的每一个处理可以细化为第二层,第二层的处理又可再细化为第三层,直到最底层的每个处理都可用一个基本操作完成为止。数据流图形象地表达了数据与业务活动的关系。

(2)数据字典

数据流图表达了数据和处理的关系,数据字典则是以特定格式记录下来的,对数据流图中各个基本要求(数据流、文件和加工等)的具体内容和特征所做的完整的对应和说明。

数据字典是对数据流图的注释和重要补充,它帮助系统分析人员全面确定用户的要求,并为以后的系统设计提供参考依据。

数据字典的内容通常包括数据项、数据结构、数据流、数据存储和处理过程五个部分。其中数据项是数据的最小组成单位,若干个数据项可以组成一个数据结构,数据字典通过对数据项和数据结构的定义来描述数据流、数据存储的逻辑内容。

数据字典是在需求分析阶段建立的,在数据库设计过程中不断地进行修改、充实和完善。

三、概念结构设计

概念模型不依赖于具体的计算机系统,是纯粹反映信息需求的概念结构。概念设计的任务是在需求分析的基础上,用概念数据模型,例如 E-R 数据模型,表示数据及其相互间的联系。

1.概念模型的主要特点

(1)有丰富的语义表达能力。能表达用户的各种需求,包括描述现实世界中各种事物和事物之间的联系,能满足用户对数据的处理要求。

(2)易于交流和理解。概念模型是 DBA、应用系统开发人员和用户之间的主要交流工具。

(3)易于变动。概念模型要能灵活地加以改变,以反映用户需求和环境的变化。

(4)易于向各种数据模型转换,易于从概念模型导出与 DBMS 有关的逻辑模型。

2.设计概念模型的方法

(1)自顶向下。首先定义全局概念结构的框架,再作逐步细化。

(2)自底向上。首先定义每一局部应用的概念结构,然后按一定的规则把它们集成,从而得到全局概念结构。这也是最常用的一种策略。

(3)由里向外。首先定义最重要的那些核心结构,再逐渐向外扩充。

(4)混合策略。把自顶向下和自底向上结合起来的方法。自顶向下设计一个概念结构的框架,然后以它为骨架再自底向上设计局部概念结构,并把它们集成。

3.概念模型的设计方法

概念模型是对信息世界建模,所以概念模型应该能够方便、准确地表示出上述信息世界中的常用概念。在概念模型的表示方法中,最常用的是 P. P. S. Chen 于 1976 年提出的实体-联系方法(Entity-Relationship Approach),该方法是数据库逻辑设计的一种简明扼要的方法,也称为 E-R 模型。在按具体数据模型设计数据库之前,先用实体-联系(E-R)图作为中间信息结构模型表示现实世界中的"纯粹"实体-联系,之后再将 E-R 图转换为各种不同的数据库管理系统所支持的数据模型。这种数据库设计方法,与通常程序设计中画框图的办法相类似。

4.E-R 模型的图形描述

(1)实体:用矩形表示,矩形框内写明实体名。

(2)属性:用椭圆形表示,椭圆形框内写上属性,并用无向边将其与相应的实体连接起来。

例如,学生实体具有学号、姓名、性别、出生日期、家庭地址属性,用 E-R 图表示如图 1-3 所示。

图 1-3　学生实体及属性

微　课

E-R 模型的图形描述

（3）联系：用菱形表示，菱形框内写上实体间的联系名，并用无向边分别与有关实体连接起来，同时在无向边旁标上联系的类型（1：1，1：n 或 m：n）。

实体之间的联系分为一对一联系、一对多联系、多对多联系，联系又称为联系的功能度。例如学生信息管理系统中班级和班长、班级和学生、学生和课程实体之间的联系如图 1-4 所示。

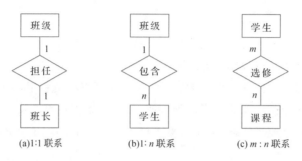

(a)1：1 联系　　　(b)1：n 联系　　　(c)m：n 联系

图 1-4　两个实体集之间的联系

小提示　图 1-4 中省略了各实体的属性，同时需要注意的是，如果一个联系具有属性，则这些属性也要用无向边与该联系连接起来。

5. E-R 模型的设计过程

在考察和研究了客观事物及其联系后，即可着手建立实体模型对客观事物进行描述。在模型中，实体要逐一命名以资区别，并描述其间的各种联系。E-R 方法是设计概念模型时常用的方法。用设计好的 E-R 图再附相应的说明书可作为阶段成果。现以学生信息管理系统情况为例来建立实体联系模型。

（1）设计局部概念模型

E-R 模型的设计过程

局部概念模型的设计一般分为三步进行：

①明确局部应用的范围

确定局部应用范围，就是根据应用系统的具体情况、需求说明书中的数据流图和数据字典，在多层数据流图中选择一个适当层次的数据流图，根据应用功能相对独立、实体个数适量的原则，划分局部应用。

在小型系统的开发中，由于整个系统的脉络比较清晰，所以一般以一个小型应用系统作为一个局部 E-R 模型。例如，在学生信息管理系统中，就将整个系统划分为组织结构 E-R 模型、学生选课 E-R 模型和教师授课 E-R 模型。

②选择实体，确定实体的属性及标识实体的关键字

在实际设计中应该注意，实体和属性是相对而言，很难有截然不同的界限。在一种应用环境中某一事物可能作为"属性"出现，而在另一种应用环境中可以作为"实体"出现。划分实体和实体的属性时，一般遵循以下原则：

- 属性是不可再分的数据项，不能再有需要说明的信息。否则，该属性应定义为实体。
- 属性不能与其他实体发生联系，联系只能发生在实体之间。
- 为了简化 E-R 图，现实世界中的对象，凡能够作为属性的尽量作为属性处理。

③确定实体之间的联系,绘制局部 E-R 模型

确定数据之间的联系,仍是以需求分析的结果为依据。局部 E-R 模型建立以后,应对照每个应用进行检查,确保模型能够满足数据流图对数据处理的需求。

例如在学生信息管理系统中,局部应用学生选课,涉及实体有学生和课程。学生实体的属性包括学号、姓名、性别、出生日期、家庭地址和邮政编码,课程实体的属性包括课程号、课程名和学分。通过分析可知,一名学生可以选修多门课程,一门课程可以被多名学生选修,学生和课程实体之间存在多对多的联系,同时学生选课要记录学生的成绩。学生选课局部 E-R 图如图 1-5 所示。

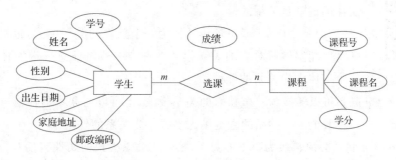

图 1-5　学生选课局部 E-R 图

（2）设计全局概念模型

各个局部 E-R 模型设计完成后,需要对它们进行合并,集成为一个全局的概念模型,集成的方式有两种:

多个局部 E-R 模型一次性集成。

逐步集成,即首先集成两个比较关键的分 E-R 图,以后每次将一个新的分 E-R 图集成进来,直到所有的分 E-R 图集成完毕。

通过综合局部概念模型可以得到全局概念模型。全局概念模型本身是一个合理、完整、一致的模型,而且支持所有的局部概念模型。

在综合的过程中,主要是处理局部模型间的不一致问题以及消除冗余。建立全局 E-R 图的步骤如下:

①确定公共实体类型。检查存在于多个局部 E-R 图的公共实体类型。这里的公共实体类型是指同名的实体类型和具有相同键的实体类型。

②合并局部 E-R 图。把局部 E-R 图逐一合并到全局 E-R 图中,对每个局部 E-R 图,首先合并公共实体类型,其次合并那些有联系的局部结构,最后加入其他独立的局部结构。

③消除不一致因素。局部 E-R 图间存在的不一致又称冲突。通常有以下几种冲突。

命名冲突:实体名、属性名、联系名存在同名异义或同义异名现象。

属性冲突:属性值的类型、取值范围、取值单位、取值集合不同。

结构冲突:同一事物在不同的局部模型中有不同的抽象。例如:同一事物在 A 作为联系,在 B 中又作为属性;同一联系在 A 中为 $1:n$,在 B 中又为 $m:n$ 等。命名冲突和属性冲突可以协商解决,结构冲突需认真分析后才能消除。

④优化全局 E-R 图。经合并得到的全局 E-R 图需要进行优化。

⑤画出全局 E-R 图,附以相应的说明文件。

四、逻辑结构设计

在逻辑设计阶段,将概念设计阶段所得到的以概念数据模型表示、与 DBMS 无关的数据模式,转换成以 DBMS 的逻辑数据模型表示的逻辑(概念)模式,并对其进行优化。

1. E-R 模型向逻辑模型进行转换的原则

E-R 模型向逻辑模型
进行转换的原则

(1)一个实体类型转换成一个关系模式,实体的属性就是关系的属性,实体的键就是关系的键。

(2)一个 1∶1 联系可以转换为一个独立的关系模式,也可以与联系的任意一端实体所对应的关系模式合并。一般将任意一端实体主键纳入另一个实体作为关系的外键。

(3)一个 1∶n 联系可以转换为一个独立的关系模式,也可以与联系的任意 n 端实体所对应的关系模式合并。一般把一方关系的主键纳入多方作为关系的外键。

(4)一个 m∶n 联系必须转换为第三方关系,第三方关系模式的属性包括双方关系的主键和联系的属性,第三方关系的主键是双方关系的主键的组合。

2. 关系数据库的逻辑结构设计过程

(1)从 E-R 图导出初始关系模式,即将 E-R 图按规则转换成关系模式。

(2)规范化处理。消除异常,改善完善性、一致性和存储效率,一般达到第三范式要求即可。规范化过程实际上就是单一化过程,即让一个关系描述一个概念,若多于一个概念的就把它分离出来。

(3)模式评价。模式评价的目的是检查数据库模式是否满足用户的要求,包括功能评价和性能评价。功能评价检查关系模式集能否满足用户的应用要求。关系模式必须包括用户可能访问的所有数据。对涉及多个关系模式的应用,应保证关系模式的连接具有无损连接性。性能评价在此阶段只能是有限度的评价,因为这时的模式尚缺乏有关的物理设计要素。但做出估算是必要的,这样有利于改进设计,使模式具有很好的性能。

(4)优化模式。优化包括对于设计过程中疏漏的要新增关系或属性,性能不好的要采用合并、分解或选用另外结构等措施。合并是指对于具有相同关键字的关系模式,如它们的处理主要是查询操作,且经常在一起使用,可将这类关系模式合并。分解是指逻辑结构虽已达到规范化,但因某些属性过多时,可将它分解成两个或多个关系模式。

(5)形成逻辑结构设计说明书。根据设计好的模式及应用需求,规划应用程序的架构,设计应用程序的草图,指定每个应用程序的数据存取功能和数据处理功能梗概,提供程序上的逻辑接口。

五、数据库物理设计、实施、运行和维护

数据库物理设计是指为逻辑数据模型选取一个最适合应用环境的物理结构,即存储结构和存取方法。该阶段的任务是根据逻辑(概念)模式、DBMS 及计算机系统所提供的手段和施

加的限制,设计数据库的内模式,即文件结构、各种存取路径、存储空间的分配、记录的存储格式等。数据库的内模式虽不直接面向用户,但对数据库的性能影响很大。DBMS 提供相应的 DDL 语句及命令,供数据库设计人员及 DBA 定义内模式使用。

　　数据库实施是指使用 DBMS 创建实际数据库结构、加载初始数据、编制和调试相应的数据库系统应用程序。数据库的运行是指使用已加载的初始数据对数据库系统进行试运行、制订合理的数据备份计划、调整数据库的安全性和完整性条件。数据库的维护是指对系统的运行进行监督,及时发现系统的问题,给出解决方案。

任务 1.1　学生信息管理系统的需求分析

任务分析

　　数据库设计阶段的需求分析是系统分析员深入企业对现有系统或手工管理进行充分深入调查研究,收集系统的基础数据,确定系统运行环境,用户群,明确各类用户的需求,得到新系统的功能和系统功能边界。

　　学生信息管理系统是高校教学管理工作的重要组成部分,主要用于高校学生档案管理、学生成绩管理和课程信息管理等。针对高校教学管理的工作方式,进行详细的调查研究,确定系统中的数据信息、确定学生信息管理系统的用户群和系统功能。

　　本任务对学生信息管理系统的数据进行详细的调查研究,应用需求分析方法,明确用户和工作需求,绘制系统的用例图、数据流图。

任务实施

1. 明确用户和工作需求

学生信息管理系统的主要用户有学生、教师和系统管理员,这三类人员的主要需求如下:

（1）学生需求

学生是学生信息管理系统的主要使用人员,主要需求有查看选修的课程列表、学生选课、查看学生选课情况和查看课程考试成绩。

（2）教师需求

教师在学生信息管理系统中承担着学生选课成绩的管理工作,主要需求有查看学生的选课信息、打印课程选课学生列表、学生成绩的录入、修改和打印学生成绩等。

（3）系统管理员需求

系统管理员在学生信息管理系统中承担学生信息、课程信息和教师信息的管理和维护工作,主要需求有学生信息的添加、修改和删除,教师信息的添加、修改和删除,课程信息的添加、修改和删除,查看学生的选课信息,用户的添加、修改和删除等。同时要做好学生信息管理系统数据库的初始化操作、数据备份和恢复等。

2. 系统的基础数据

通过以上对学生信息管理系统用户需求的分析可知,系统涉及大量的数据管理工作。如何组织数据,采取何种数据模型来维护数据,是面临的首要问题。在学生信息管理系统中,主要包括以下数据实体及数据项:

(1)用户信息

用户信息主要用来存储教师、学生和系统管理员的基本信息。包括用户名、密码和用户身份等信息,其中用户名必须是唯一的,不能重复,且密码不能为空,用户身份决定了用户在学生信息管理系统中的使用权限。

(2)系部

系部用来存储系部的基本信息。主要包括系号、系部名称、系主任和系部电话等信息。其中系号不能重复,系部名称不能为空值。

(3)班级

班级用来存储学生所在班级的详细信息。主要包括班号、班级名称、专业、入学年份,辅导员和系号等信息。其中班号不能重复,班级名称和辅导员不能为空,同时班级实体通过系号与系部实体建立外部联系。

(4)学生

学生用来存储学生的基本信息。包括学生的学号、姓名、性别、出生日期、家庭地址、邮政编码、电话和班号等信息。其中学号不能重复,姓名不能为空,性别只能是男或女,邮政编码为6位数字,同时学生实体与班级实体通过班号建立外部联系。

(5)课程

课程用来存储课程的基本数据。主要包括课程号、课程名和学分等基本信息。其中课程号不能重复,课程名不能为空,学分数值控制在一定的范围之内。

(6)教师

教师用来存储教师的基本信息。主要包括教师号、姓名、性别、工作日期、职称、工资和系号。其中教师号不能重复,姓名不能为空,性别只能是男或女,同时教师实体与系部实体通过系号建立外部联系。

(7)选课

选课用来存储学生选修的课程及成绩信息,是学生信息管理系统中非常重要的一个实体。主要包括学号、课程号和成绩。其中学号、课程号取自学生和课程对应的属性,学号和课程号的组合不能出现重复值,成绩是学生选修某门课程的成绩,其值控制在0～100。

以上各数据实体之间不是独立存储的,而是相互联系、相互制约,以此来保证系统中存储数据的正确性、准确性和一致性。

3. 设计数据流图和数据字典

(1)绘制用例图

绘制用例图,如图 1-6 所示。

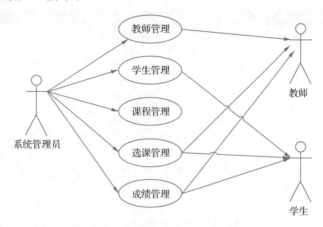

图 1-6　学生信息管理系统用例图

(2)绘制数据流图

①绘制学生信息管理系统顶层数据流图,如图 1-7 所示。

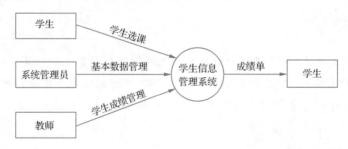

图 1-7　学生信息管理系统顶层数据流图

②绘制学生信息管理系统第一层数据流图,如图 1-8 所示。

4. 确定系统的运行环境和目标

学生信息管理系统应用计算机技术和数据库技术实现学生信息、学生选课和学生成绩的现代化管理,系统的目标是:

(1)提高管理的工作效率、降低运行成本、减少人力成本和管理费用。

(2)提高数据信息的准确性,避免出现错误数据。

(3)提高信息的安全性和完整性。

(4)规范运行模式,改进管理方法和服务效率。

(5)系统具有良好的人机交互界面,操作简便、快速。

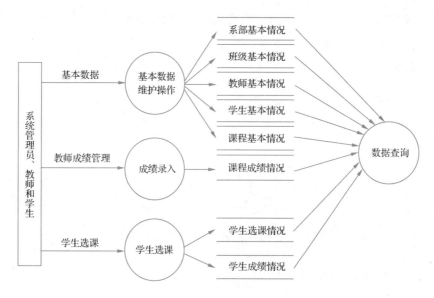

图 1-8   学生信息管理系统第一层数据流图

任务 1.2   学生信息管理系统的功能分析

任务分析

　　根据软件工程的观点,开发任何一个应用系统必须对应用系统进行总体设计和详细设计,在系统总体分析的基础上,确定应用系统的功能需求,绘制系统的功能结构图。

　　本任务在分析学生信息管理系统用户需求以及基础数据的基础上,确定学生信息管理系统的功能。

任务实施

　　根据需求分析,我们得知学生信息管理系统功能分为用户管理子系统、基本信息管理子系统、学生选课管理子系统、学生成绩管理子系统和系统维护子系统五大功能。

1. 用户管理

　　用户管理是用户身份验证的重要方式,包括用户的添加、修改和删除。用户是否合法决定是否允许用户使用学生信息管理系统的必要条件,如果用户没有在系统中进行注册,则用户无法访问系统。用户注册应具有易操作、保密性强等特点。也可进行多用户注册,而用户之间是透明的。在注册时由于选择教师与学生的不同,会得到相应的不同权限。这部分的具体功能描述如下:

（1）用户添加。

（2）用户修改。

（3）用户删除。

2. 基本信息管理

基本信息管理主要为系统正常运行提供操作平台，主要包括系部信息管理、班级信息管理、学生信息管理、教师信息管理、课程信息管理和基本信息查询等功能。这部分的具体功能描述如下：

（1）系部信息的添加、修改和删除。

（2）班级信息的添加、修改和删除。

（3）学生信息的添加、修改和删除。

（4）教师信息的添加、修改和删除。

（5）课程信息的添加、修改和删除。

（6）基本信息的查询和打印。

3. 学生选课管理

学生选课是学生信息管理系统中非常重要的工作，主要用于教师课程的安排和学生选课，为教师管理学生成绩打下基础工作。具体功能包括：

（1）教师授课安排。

（2）学生选课。

4. 学生成绩管理

学生成绩管理是学生信息管理系统的一个重要组成部分，包括学生成绩的添加、修改、锁定和查询。成绩管理按权限分为三部分，一部分是教务员，实现对成绩的汇总统计、查询、锁定和审核；一部分是教师，实现对成绩的录入、修改和查询；第三部分是学生，实现对成绩的查询。具体功能描述如下：

（1）教师对成绩的录入和修改。

（2）成绩的汇总统计。

（3）成绩的审核和锁定。

（4）学生成绩的查询。

5. 系统维护

系统维护管理实现系统数据安全性、完整性和一致性的维护处理工作，包括系统数据的备份、恢复、导入与导出，这部分的具体功能描述如下：

（1）数据的备份和恢复。

（2）数据的导入和导出。

（3）系统帮助。

根据以下分析，绘制学生信息管理系统功能结构如图 1-9 所示。

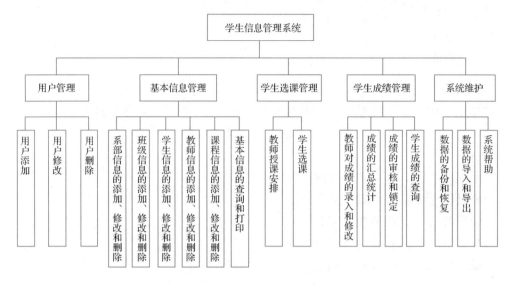

图 1-9   学生信息管理系统的功能结构图

任务 1.3   学生信息管理数据库的概念设计

任务分析

　　根据学生信息管理系统需求分析阶段收集到的数据和相关资料,首先对数据利用分类、聚集和概括等方法抽象出实体,对系统中列举的实体标注其对应的属性,其次确定实体之间的联系类型(一对一、一对多和多对多),最后使用 ER_Designer 工具画出学生信息管理系统的 E-R 图。

1. 确定学生信息管理系统的实体

通过调查分析可知,学生信息管理系统涉及的实体主要有系部、班级、学生、课程、教师等。

2. 确定学生信息管理系统的实体属性

(1)系部实体属性

系部实体属性有系号、系部名称、系主任和系部电话。

(2)班级实体属性

班级实体属性有班号、班级名称、专业、入学年份和辅导员。

(3)学生实体属性

学生实体属性有学号、姓名、性别、出生日期、家庭地址、邮政编码和电话。

（4）课程实体属性

课程实体属性有课程号、课程名和学分。

（5）教师实体属性

教师实体属性有教师号、姓名、性别、工作日期、职称、工资。

3. 确定实体之间的联系

通过分析得出，各实体之间的联系如下：

（1）系部和班级之间有联系"属于"，实体之间是一对多的联系。

（2）系部和教师之间有联系"聘任"，实体之间是一对多的联系。

（3）班级和学生之间有联系"组成"，实体之间是一对多的联系。

（4）学生和课程之间有联系"选课"，实体之间是多对多的联系。

（5）教师和课程之间有联系"授课"，实体之间是多对多的联系。

任务实施

1. 设计局部 E-R 模型

（1）使用 ER_Designer 工具绘制系部和班级的局部 E-R 图，如图 1-10 所示。

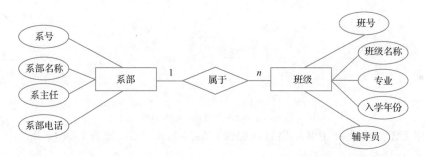

图 1-10　系部和班级的局部 E-R 图

（2）使用 ER_Designer 工具绘制系部和教师的局部 E-R 图，如图 1-11 所示。

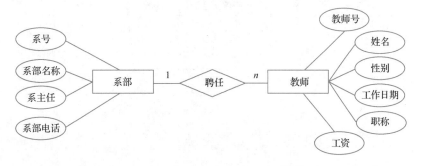

图 1-11　系部和教师的局部 E-R 图

（3）使用 ER_Designer 工具绘制班级和学生的局部 E-R 图，如图 1-12 所示。

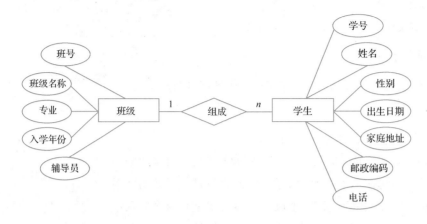

图 1-12　班级和学生的局部 E-R 图

（4）使用 ER_Designer 工具绘制学生和课程的局部 E-R 图，如图 1-13 所示。

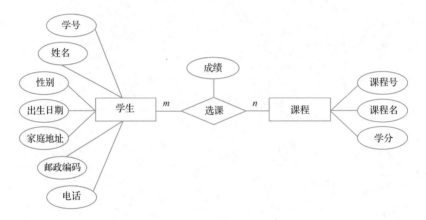

图 1-13　学生和课程的局部 E-R 图

（5）使用 ER_Designer 工具绘制教师和课程的局部 E-R 图，如图 1-14 所示。

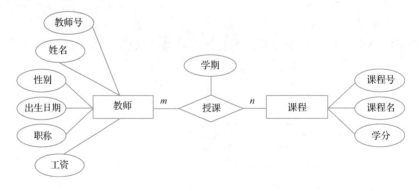

图 1-14　教师和课程的局部 E-R 图

2. 绘制全局 E-R 图

使用 ER_Designer 工具绘制全局 E-R 图，如图 1-15 所示。

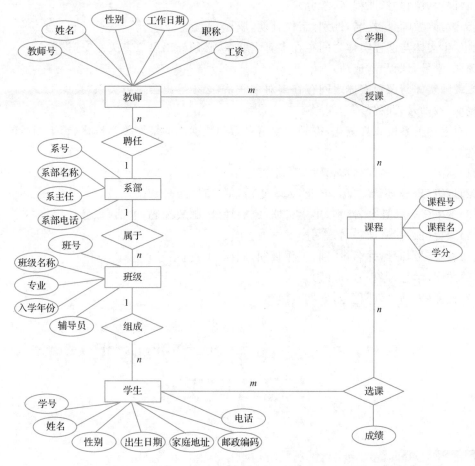

图 1-15 学生信息管理系统的全局 E-R 图

任务 1.4 学生信息管理数据库的逻辑设计

任务分析

本任务在学生信息管理数据库概念设计生成的 E-R 模型的基础上，首先将 E-R 模型按规则转换为逻辑模型，再根据导出的关系模式根据功能需求增加关系、属性并规范化得到最终的关系模式。

任务实施

1. 将实体转换为关系模式。

(1) 系部(系号,系部名称,系主任,系部电话)。

（2）班级（班号，班级名称，专业，入学年份，辅导员）。

（3）学生（学号，姓名，性别，出生日期，家庭地址，邮政编码，电话）。

（4）课程（课程号，课程名，学分）。

（5）教师（教师号，姓名，性别，工作日期，职称，工资）。

2. 学生实体与课程实体之间存在多对多联系，必须导出第三方关系"选课"。

选课（学号，课程号，成绩）

3. 教师实体与课程实体之间存在多对多联系，必须导出第三方关系"授课"。

授课（教师号，课程号，学期）

4. 对上述关系模式规范化，得到学生信息管理数据库的最终关系模式（带下划线的为关系的主键）：

（1）系部（<u>系号</u>，系部名称，系主任，系部电话）

（2）班级（<u>班号</u>，班级名称，专业，入学年份，辅导员，系号）

（3）学生（<u>学号</u>，姓名，性别，出生日期，家庭地址，邮政编码，电话，班号）

（4）课程（<u>课程号</u>，课程名，学分）

（5）教师（<u>教师号</u>，姓名，性别，工作日期，职称，工资，系号）

（6）选课（<u>学号，课程号</u>，成绩）

（7）授课（<u>教师号，课程号</u>，学期）

任务 1.5　学生信息管理数据库的物理结构设计

任务分析

本任务完成学生信息管理数据库的物理结构设计。

任务实施

1. 系部表的物理结构设计（表 1-20）

表 1-20　系部表

字段名	数据类型	大小	约束
系号	文本	4	主键
系部名称	文本	30	非空
系主任	文本	8	
系部电话	文本	12	

2. 班级表的物理结构设计(表 1-21)

表 1-21　　　　　　　　　　班级表

字段名	数据类型	大小	约束
班号	文本	4	主键
班级名称	文本	30	非空
专业	文本	20	
入学年份	整型		
教师号	文本	8	
系号	文本	4	外键,与系部表的"系号"关联

3. 教师表的物理结构设计(表 1-22)

表 1-22　　　　　　　　　　教师表

字段名	数据类型	大小	约束
教师号	文本	4	主键
姓名	文本	8	非空
性别	文本	2	限制为"男"或"女"
工作日期	日期/时间		
职称	查阅	10	
工资	货币		
系号	文本	4	外键,与系部表的"系号"关联

4. 学生表的物理结构设计(表 1-23)

表 1-23　　　　　　　　　　学生表

字段名	数据类型	大小	约束
学号	文本	8	主键
姓名	文本	8	
性别	文本	2	限制为"男"或"女"
出生日期	日期/时间		
家庭地址	文本	40	
邮政编码	文本	6	
电话	文本	12	唯一
班号	文本	4	外键,与班级表的"班号"关联

5. 课程表的物理结构设计(表 1-24)

表 1-24　　　　　　　　　　课程表

字段名	数据类型	大小	约束
课程号	文本	8	主键
课程名	文本	30	唯一
学分	整型		

6. 选课表的物理结构设计（表 1-25）

表 1-25   选课表

字段名	数据类型	大小	约束
学号	文本	8	外键，与学生表的"学号"关联
课程号	文本	8	外键，与课程表的"课程号"关联
成绩	整型		
（学号，课程号）			主键

7. 授课表的物理结构设计（表 1-26）

表 1-26   授课表

字段名	数据类型	大小	约束
教师号	文本	4	外键，与教师表的"教师号"关联
课程号	文本	8	外键，与课程表的"课程号"关联
学期	文本	20	
（教师号，课程号）			主键

项目实训　图书销售管理数据库的分析与设计

一、实训的目的和要求

1. 掌握数据库设计与开发的基本步骤。
2. 能读懂数据流图并绘制简单的数据流图。
3. 掌握局部和全局 E-R 图的绘制。
4. 掌握 E-R 模型转换为关系模式的原则。

二、实训内容

1. 图书销售管理系统概述

（1）图书销售管理系统开发的必要性

　　图书销售管理系统是实现图书采购和销售管理的一种信息管理系统。传统的图书销售管理模式利用人工对图书销售信息进行管理，这种管理模式存在效率低，保密性差，随着时间的积累产生大量的文件和数据，不便于数据信息的查找、更新和维护。这些问题的存在给图书销售管理者对图书的信息管理带来了很大困难，严重影响了图书销售的经营效率。随着科学技术的不断提高，计算机技术的日渐成熟，使用先进的计算机技术来代替传统的人工模式，来实现信息的现代化管理，其强大的功能已为人们深刻认识，它已进入人类社会的各个领域并发挥着越来越重要的作用。使用计算机对图书销售信息进行管理,具有检索迅速、查找方便、易修改、可靠性高、存储量大、数据处理快捷、保密性好、寿命长、成本低、便于打印等优势,极大地提高图书销售管理的工作效率。

(2)图书销售管理系统的基础数据

供应商信息主要包括供应商编号、供应商名称、所在城市、主要联系人和联系电话等。

出版社信息主要包括出版社编号、出版社名称、所在城市、出版社地址、邮政编码、联系电话等。

销售客户信息主要包括客户编号、客户名称、客户地址、联系电话、电子邮箱等信息。

图书分类信息主要包括图书分类号、图书分类名称等。

图书信息主要包括图书号、图书名称、ISBN、图书分类号、作者、开本、装帧、版次、单价、库存数量等。

图书入库信息主要包括购入图书的图书号、采购日期、采购数量、图书单价以及供应商信息等。

图书销售信息主要包括销售图书的图书号、销售日期、销售数量、销售单价以及客户信息等。

(3)图书销售管理系统的功能需求

图书销售管理系统的用户包括系统管理员、采购员和销售员,根据不同用户的需求图书销售管理系统功能分为基本信息管理子系统、图书采购管理子系统、图书销售管理子系统和系统维护子系统四大功能。具体功能分析如下:

①基本信息管理子系统

基本信息管理子系统主要包括出版社信息管理、供应商信息管理、客户信息管理和用户管理。其中出版社信息管理包括出版社信息的录入、修改、删除和查询;供应商信息管理包括供应商信息的录入、修改、删除和查询;客户信息管理包括客户信息的录入、修改、删除和查询;用户管理包括系统操作用户的添加、修改、删除和用户权限的设置。

②图书采购管理子系统

图书采购管理子系统主要包括采购入库单信息录入、采购入库单信息的修改和删除、采购入库单的查询和打印,其中查询包括按入库单号查询、按采购入库日期查询、按书名查询以及综合查询等。

③图书销售管理子系统

图书销售管理子系统主要包括图书销售单信息录入、销售单信息的修改和删除、销售单的查询、统计和打印,其中查询包括按销售单号查询、按销售日期查询、按书号或书名查询以及综合查询等。

④系统维护子系统

系统维护子系统包括系统数据初始化、数据备份和数据恢复。其中数据初始化包括清空数据库所有数据和按时间段清空入库单和销售单数据,以便减少数据库负担。数据备份和数据恢复是对数据库进行全部、增量备份,以便在数据库出现故障时及时恢复到最近状态。

2. 图书销售管理的数据库设计

分析上述图书销售管理系统,完成图书销售管理数据库的分析与设计。

(1)图书销售管理数据库的需求分析

分析图书销售管理系统,完成系统用例图、数据流程图、用户功能需求以及功能结构图的绘制。

(2)图书销售管理数据库的概念设计

在需求分析的基础上,完成图书销售管理数据库局部 E-R 图和全局 E-R 图的绘制。

(3)图书销售管理数据库的逻辑设计

依据概念结构设计阶段绘制的全局 E-R 图,完成图书销售管理数据库从概念模型转换为关系模型,导出关系模式。

(4)图书销售管理数据库的物理设计

设计图书销售管理数据库的数据表结构。

项目总结

本项目主要介绍了数据库基本概念、数据模型、关系运算、关系规范化和数据库设计等相关知识点。重点介绍了数据库、数据库管理系统、数据库系统和数据应用系统的相关概念;数据库系统的体系结构;三种常见的数据模型;实体之间的联系;传统的集合运算和专门的关系运算;关系规范化设计理论和数据库设计过程。并通过五个任务详细介绍了学生信息管理数据库的设计过程。通过本项目的学习,学生掌握了数据库的基础理论,并能运用所学知识针对具体的实际应用系统进行数据库分析与设计。

思考与练习

一、填空题

1. 数据管理经历了_____、_____和_____三个发展阶段。

2. 数据库系统简称为_____,它的核心是_____,简称为_____。

3. 常见的三种数据模型是_____模型、_____模型和_____模型。

4. 采用树状结构描述实体与实体之间联系的数据模型是_____模型。

5. 采用网状结构描述实体与实体之间联系的数据模型是_____模型。

6. 采用二维表结构描述实体与实体之间联系的数据模型是_____模型。

7. 数据模型的三要素是_____、_____和_____。

8. 客观存在并且可以相互区别的事物称为_____。

9. 属性的取值范围称为该属性的_____。

10. 两个不同实体集的联系有_____、_____和_____。

11. 数据库系统通常由_____、_____、_____、_____和_____五个部分组成。

12. 能够唯一标识关系中一个元组的属性或属性集合称为关系的_____。

13.有关系 R 和关系 S,两个关系具有公共属性 A,属性 A 在关系 R 中是主键,在关系 S 中不是主键,则在关系 S 中称为_____。

14.关系运算的对象和结果都是一个_____。

15.传统的集合运算主要分为_____运算、_____运算、_____运算和_____运算。

16.专门的关系运算主要分为_____、_____、_____和_____,其中_____是连接的特例。

17.不合理的关系存在的异常主要包括_____、_____、_____和_____。

18.函数依赖分为完全函数依赖、_____和_____三种。

19.如果一个关系模式 R 的每个属性的域都只包含单一的值,则称 R 满足第_____范式。

20.如果某关系模式满足第二范式,而且它的任何一个非主属性_____任何关键字,则 R 满足第三范式。

21.如果 $X{\rightarrow}Y$ 且有 Y 是 X 的子集,那么 $X{\rightarrow}Y$ 称为_____的函数依赖。

22.数据库设计的六个主要阶段是_____、_____、_____、_____、_____和_____。

23.数据字典通常包括_____、_____、_____、_____和_____五部分。

24.数据库系统的逻辑设计主要是将_____转化成 DBMS 所支持的数据模型。

25.存取方法设计是数据库设计的_____阶段的任务。

二、选择题

1.在数据管理技术的发展过程中,经历了人工管理阶段、文件系统阶段和数据库系统阶段。在这几个阶段中,数据独立性最高的是(   )阶段。

A.数据库系统   B.文件系统   C.人工管理   D.数据项管理

2.数据库的层次模型应满足的条件是(   )。

A.允许一个以上的节点无双亲,也允许一个节点有多个双亲

B.必须有两个以上的节点

C.有且仅有一个节点无双亲,其余节点都只有一个双亲

D.每个节点有且仅有一个双亲

3.在数据库中,下列说法(   )是不正确的。

A.数据库避免了一切数据的重复

B.若系统是完全可以控制的,则系统可确保更新时的一致性

C.数据库中的数据可以共享

D.数据库减少了数据冗余

4.下列实体类型的联系中,属于一对一联系的是(   )。

A.教研室对教师的所属联系   B.父亲对孩子的亲生联系

C.省对省会的所属联系   D.供应商与工程项目的供货联系

5.下面对关系的叙述中,哪个是不正确的?(　　　)

A.关系中的每个属性是不可分解的

B.在关系中元组的顺序是无关紧要的

C.任意的一个二维表都是一个关系

D.每个关系只有一种记录类型

6.数据库的网状模型应满足的条件是(　　　)。

A.允许一个以上的节点无双亲,也允许一个节点有多个双亲

B.必须有两个以上的节点

C.有且仅有一个节点无双亲,其余节点都只有一个双亲

D.每个节点有且仅有一个双亲

7.按所使用的数据模型来分,数据库可分为(　　　)三种类型。

A.层次、关系和网状　　　　　　　　　　B.网状、环状和链状

C.大型、中型和小型　　　　　　　　　　D.独享、共享和分时

8.在关系代数的专门关系运算中,从表中取出指定的属性的操作称为(　　　)。

A.选择　　　　　　　　B.投影　　　　　　　　C.连接　　　　　　　　D.扫描

9.在关系代数的专门关系运算中,从表中选出满足某种条件的元组的操作称为(　　　)。

A.选择　　　　　　　　B.投影　　　　　　　　C.连接　　　　　　　　D.扫描

10.在关系代数的专门关系运算中,将两个关系中具有共同属性值的元组连接到一起构成新表的操作称为(　　　)。

A.选择　　　　　　　　B.投影　　　　　　　　C.连接　　　　　　　　D.扫描

11.消除了非主属性对码的部分函数依赖的1NF的关系模式,必定是(　　　)。

A.1NF　　　　　　　　B.2NF　　　　　　　　C.3NF　　　　　　　　D.4NF

12.关系数据库规范化是为解决关系数据库中(　　　)问题而引入的。

A.插入、删除和数据冗余　　　　　　　　B.提高查询速度

C.减少数据操作的复杂性　　　　　　　　D.保证数据的安全性和完整性

13.关系模式中,满足2NF的模式,(　　　)。

A.可能是1NF　　　　B.必定是BCNF　　　C.必定是3NF　　　D.必定是1NF

14.保护数据库,防止未经授权的或不合法的使用造成的数据泄露、更改破坏。这是指数据库的(　　　)。

A.安全性　　　　　　　B.完整性　　　　　　　C.并发控制　　　　　　D.恢复

15.设有属性A,B,C,D,以下表示中不是关系的是(　　　)。

A.$R(A)$　　　　　　　　　　　　　　　　B.$R(A,B,C,D)$

C.$R(A \times B \times C \times D)$　　　　　　　　　D.$R(A,B)$

16.自然连接是构成新关系的有效方法。一般情况下,当对关系R和S使用自然连接时,要求R和S含有一个或多个共有的(　　　)。

A.元组　　　　　　　　B.行　　　　　　　　　C.记录　　　　　　　　D.属性

17.候选码中的属性称为(　　　)。

A.非主属性　　　　　　B.主属性　　　　　　　C.复合属性　　　　　　D.关键属性

18.数据库概念设计的E-R方法中,用属性描述实体的特征,属性在E-R图中,用(　　　)表示。

A.矩形　　　　　　　　B.四边形　　　　　　　C.菱形　　　　　　　　D.椭圆形

19. 数据库的( )是指数据的正确性和相容性。

A. 安全性　　　　　　B. 完整性　　　　　　C. 并发控制　　　　　　D. 恢复

20. E-R图是数据库设计的工具之一,它适用于建立数据库的( )。

A. 概念模型　　　　　B. 逻辑模型　　　　　C. 结构模型　　　　　D. 物理模型

21. 在关系数据库设计中,设计关系模式是( )的任务。

A. 需求分析阶段　　　B. 概念设计阶段　　　C. 逻辑设计阶段　　　D. 物理设计阶段

22. 下列哪一条不是由于关系模式设计不当所引起的问题?( )

A. 数据冗余　　　　　B. 插入异常　　　　　C. 删除异常　　　　　D. 丢失修改

23. 在关系模式中,如果属性 A 和属性 B 存在一对一的联系,则( )。

A. $A \rightarrow B$　　　　B. $B \rightarrow A$　　　　C. $A \leftrightarrow B$　　　　D. 以上都不对

24. 任何一个满足 2NF,但不满足 3NF 的关系模式都存在( )。

A. 主属性对候选码的部分依赖　　　　　　B. 非主属性对候选码的部分依赖

C. 主属性对候选码的传递依赖　　　　　　D. 非主属性对候选码的传递依赖

25. E-R 模型的三要素是( )。

A. 实体、属性和实体集　　　　　　B. 实体、键、联系

C. 实体、属性和联系　　　　　　　D. 实体、域和候选键

三、简答题

1. 试述数据管理技术发展的几个阶段及其特征。

2. 什么是数据库? 数据库有哪些主要特征?

3. DBMS 的主要功能有哪些?

4. 什么是数据库系统,组成部分有哪些?

5. 简述数据库系统的体系结构以及两级映像。

6. 试举三个实例,要求实体型之间分别具有一对一、一对多和多对多的联系。

7. 解释以下术语,实体、实体型、实体集、属性、键、DBMS。

8. 简述数据模型的组成及各组成部分的作用。

9. 什么是关系模型? 关系模型有什么特点? 试举一个关系模型的例子。

10. 简述数据库设计的六个阶段。

11. 简述概念模型 E-R 图转换为逻辑模型关系模式的转换原则。

四、综合设计题

1. 设有关系职工关系,见表 1-21。

表 1-21　　　　　　　　　　　　　　　　职工关系

职工号	职工名	年龄	性别	单位号	单位名
E1	赵三	20	男	D3	CCC
E2	刘强	25	男	D1	AAA
E3	李宝库	38	女	D3	CCC
E4	张强	25	男	D3	CCC

试问职工关系属于 3NF 吗? 为什么? 若不是,它属于第几范式? 如何将其规范化为 3NF?

2.假设某商业集团数据库有关系模式 R 如下：

R(商店编号,商品编号,库存数量,部门编号,负责人)

如果规定：

(1)每个商店的每种商品只在一个部门销售。

(2)每个商店的每个部门只有一个负责人。

(3)每个商店的每种商品只有一个库存数量

回答下列问题：

(1)根据上述规定,写出关系模式 R 的基本函数依赖。

(2)写出关系模式 R 的候选键。

(3)试问关系模式 R 最高已经达到第几范式？为什么？如果 R 不属于 3NF,将 R 分解成 3NF 模式集。

3.设计一个图书管理系统的数据库,系统约定：

图书：图书号、图书名、作者、类型、单价、数量

出版社：出版社号、出版社名称、所在城市、电话、邮政编码、联系人

读者：借书证号、姓名、性别、班级

其中约定：任何人可以借多本图书,任何一种图书可以被多个读者借阅,读者在借书和还书时,要登记借书日期和还书日期；图书入库时要记录购买数量；一个出版社可以出版多种书籍,同一种书仅为一个出版社所出版。

根据以上约定,回答如下问题：

(1)设计图书管理系统的出版局部 E-R 图、借阅局部 E-R 图。

(2)将出版局部 E-R 图与借阅局部 E-R 图集合成全局 E-R 图。

(3)根据以上全局 E-R 图导出关系模式,并指出主键和外键。

项目 2

安装与启动 MySQL

重点和难点

1. MySQL 数据库特点；
2. MySQL 5.7 的安装；
3. MySQL 的配置；
4. MySQL 的启动与登录。

学习目标

【知识目标】

1. 了解 MySQL 数据库及其特点；
2. 掌握 MySQL 5.7 的安装；
3. 掌握 MySQL 5.7 的配置；
4. 掌握 MySQL 5.7 的启动方法。

【技能目标】

1. 具备 Windows 平台下安装 MySQL 5.7 的能力；
2. 具备 Windows 平台下配置 MySQL 5.7 的能力；
3. 具备启动与登录 MySQL 5.7 的能力。

素质目标

1. 具有一定的职业精神；
2. 具有良好的工匠精神。

项目概述

在项目1设计人员应用数据库基础理论与数据库设计方法对学生信息管理数据库进行了分析与设计,得到了学生信息管理数据库的逻辑结构,接下来我们将在一种数据库管理系统支持下创建和维护学生信息管理数据库。

目前流行的数据库管理系统主要有 Oracle,SQL Server,MySQL,Access,Visual Foxpro 等。因 MySQL 数据库管理系统具有开源、免费、体积小、便于安装以及功能强大等特点,故成为当前全球最受欢迎的数据库管理系统之一,为此本教材选择 MySQL 数据库管理系统来创建和维护学生信息管理数据库。

通过本项目的学习,学生将掌握 MySQL 的特点以及版本信息,了解 MySQL 的命令行工具。具有在 Windows 平台下安装和配置 MySQL 5.7 的能力,具有启动和登录 MySQL 5.7 的能力。为后续应用 MySQL 数据库管理系统创建和维护数据库打下良好的基础。

知识储备

知识点 1 MySQL 简介

MySQL 是一个小型的关系数据库管理系统,由瑞典 MySQL AB 公司开发,其在 2008 年 1 月被美国 SUN 公司收购,2009 年 4 月 SUN 公司又被甲骨文(Oracle)公司收购。MySQL 进入 Oracle 产品体系后,获得了甲骨文公司更多的研发投入,为 MySQL 的发展注入了新的活力。由于 MySQL 免费、体积小、速度快、成本低,尤其是具有功能强大和开放源码的特点,在 Internet 上的中小型网站中得到了广泛的应用。目前雅虎、Google、新浪、网易、百度等公司将部分业务数据迁移到 MySQL 数据库中。MySQL 数据库可以称得上是目前运行速度最快的 SQL 数据库,使之成为全球最受欢迎的数据库管理系统之一。

1. MySQL 的特点

(1)可移植性

MySQL 使用 C 和 C++语言编写,并使用了多种编译器进行测试,保证了源代码的可移植性。

微 课

MySQL 的特点

(2)可扩展性和灵活性

MySQL 可以支持 AIX,Linux,UNIX,NETWARE,Mac OS 以及 Windows 等操作系统平台,并且在一个操作系统中实现的应用可以很方便地移植到其他操作系统中。

(3)支持大型的数据库

MySQL 可以方便地支持上千万条记录的大型数据库,并且数据类型丰富。作为一个开放源代码的数据库,MySQL 可以针对不同的应用进行相应的修改。

(4)强大的数据保护功能

MySQL 拥有一套非常灵活且安全的权限和密码系统。为确保只有授权用户才能进入该数据库服务器,所有的密码传输均采用加密形式,同时支持 SSH 和 SSI。MySQL 强大的数据加密和解密功能,可以保证敏感数据不受未经授权的访问。

(5)强大的查询功能

MySQL 支持查询的 SELECT 和 WHERE 语句的全部运算符和函数,并且可以在同一查询中混用来自不同数据库的表,优化的 SQL 查询算法,有效提高了数据的查询速度。

(6)超强的稳定性

MySQL 拥有一个非常快速而且稳定的基于线程的内存分配系统,可以持续使用而不必担心其稳定性。线程是轻量级进程,它可以灵活地为用户提供服务,而不占用过多的系统资源。用多线程和 C 语言实现的 MySQL 能够充分地利用 CPU。

2. MySQL 版本信息

(1)根据操作系统类型不同划分

根据操作系统的类型划分,MySQL 数据库大体上可以分为 Windows 版本、UNIX 版本、Linux 版本和 Mac OS 版本。因为 UNIX 和 Linux 操作系统的版本较多,不同的 UNIX 和 Linux 版本有不同的 MySQL 版本,因此如果要下载安装 MySQL,必须先了解自己的操作系统类型,然后根据操作系统类型来下载安装。

(2)根据 MySQL 数据库的开发情况划分

根据 MySQL 数据库的开发情况划分,MySQL 分为 Alpha,Beta,Gamma 和 Generally Available(GA)等版本。

①Alpha:表示处于开发阶段的版本,可能会增加新的功能或进行重大的修改。

②Beta:表示处于测试阶段的版本,开发已经基本完成,但是没有进行全面测试。

③Gamma:表示该版本是发行过一段时间的 Beta 版,比 Beta 版要稳定一些。

④Generally Available(GA):表示该版本已经足够稳定,可以在软件开发中应用了。

(3)根据 MySQL 数据库用户群体不同划分

针对不同用户群体,MySQL 分为两个版本,社区版和企业版。

①MySQL Community Server(社区版)

社区版完全免费,自由下载,但官方不提供技术支持。如果是个人学习,可选择此版本。本教材采用的就是社区版。

②MySQL Enterprise Server(企业版)

企业版能够享受到 MySQL AB 公司的技术服务,但需要付费才能使用。

(4)MySQL 版本的命名机制

MySQL 版本的命名机制由 3 个数字和 1 个后缀组成,如 mysql-5.7.21［后缀］。

①第 1 个数字(5)表示主版本号,描述了文件格式,所有版本 5 的发行版都有相应的文件格式。

②第 2 个数字(7)表示发行级别,主版本号和发行级别组合在一起构成了发行序列号。

③第 3 个数字(21)表示在此发行系列的版本号,随着每次新分发版本递增,通常选择已经发行的最新版本。

④后缀表示发行的稳定性级别,如果为 Alpha 表示发行包含大量未被 100% 测试的新代码;Beta 表示所有的新代码都已被测试,没有增加重要的新特征;Gamma 表示一个发行了一段时间的 Beta 版本;无后缀表示该版本很多地方运行一段时间了,而且没有非平台特定的缺陷报告,只增加了关键漏洞修复。

⑤在 MySQL 开发过程中,同时存在多个发布系列,每个发布系列处在不同成熟度阶段。其中:

MySQL 8.0 是目前最新开发的发布系列,是将执行新功能的系列,在不久的将来可以使用,目前还在开发过程中。

MySQL 5.7 是当前稳定(GA)的发布系列。只针对漏洞修复重新发布,没有增加会影响稳定性的新功能。

MySQL 5.6 是上一个稳定的发布系列。只针对漏洞修复重新发布,没有增加会影响该系列稳定性的重要功能。

3. MySQL 5.7 的优势

与 MySQL 5.6 相比,MySQL 5.7 的新功能主要包括以下几个方面:

(1)完全支持 JSON

JSON 是一种存储信息的格式,可以很好地替代 XML。从 MySQL 5.7.8 版本开始,MySQL 全面支持 JSON。

(2)性能和可扩展性

改进 INnoDB 的可扩展性和临时表的性能,可以实现更快的网络和大数据加载等操作。

(3)改进复制以提高可用性的性能

改进复制包括多源复制、多从线程、在线 GTIDs 和增强的半同步复制。

(4)性能模式提供更好的视角

增加了许多新的监控性能,以减少空间和过载,使用新的 SYS 模式易用性。

(5)安全可靠

以安全第一为宗旨,提供了很多新的功能,从而保证数据库的安全可靠。

(6)优化

重写了大部分解析器、优化器和成本模型,提高了可维护性、可扩展性和性能。

(7)GIS

MySQL 5.7 全新的功能包括 INnoDB 空间索引、使用 Boost,Geometry,同时提高完整性和标准符合性。

知识点 2　MySQL 数据库服务

MySQL 数据库管理系统由 MySQL 数据库服务和 MySQL 客户端程序和工具程序组成，其中 MySQL 数据库服务主要由 MySQL 服务器、MySQL 实例和 MySQL 数据库三个部分组成，通常简称为 MySQL 服务，对应着官方技术文档中的"MySQL Server"、"MySQL Service"或"MySQL Database Server"等。

1. MySQL 服务

MySQL 服务也称为 MySQL 数据库服务，它是保存在 MySQL 服务器硬盘上的一个服务软件。通常是指 mysqld 服务器程序，它是 MySQL 数据库系统的核心，所有的数据库和数据表操作都是由它完成。其中的 mysqld_safe 是一个用来启动、监控和重新启动 mysqld 的相关程序。如果在同一台主机上运行了多个服务器，通过需要用 mysqld_multi 程序来帮助用户管好它们。

MySQL 数据库服务

2. MySQL 服务实例

MySQL 服务实例是一个正在运行的 MySQL 服务，其实质是一个进程，只有处于运行状态的 MySQL 服务实例才可以响应 MySQL 客户机的请求，提供数据库服务。同一个 MySQL 服务，如果 MySQL 配置文件的参数不同，启动 MySQL 服务后生成的 MySQL 服务实例也不相同。通常是指 mysqld 进程（MySQL 服务有且仅有这一个进程，不像 Oracle 等数据库，一个实例对应一堆进程），以及该进程持有的内存资源，有的也称之为 mysqld 进程。

3. MySQL 数据库

MySQL 数据库通常是指一个物理概念，即一系列物理文件的集合。一个 MySQL 数据库下可以创建很多个数据库，MySQL 安装完成后，默认情况下至少会自动创建四个数据库，分别是 test，mysql，information_schema，performance_schema。系统默认将 MySQL 数据文件存放到 data 目录中，默认为/data/mysqldata/3306/data。

知识点 3　MySQL 常用工具

MySQL 数据库管理系统提供了许多命令行工具，用以管理 MySQL 服务器、对数据库进行访问控制、管理 MySQL 用户以及数据库备份和恢复工具等。MySQL 也提供图形化管理工具，使对数据库的操作更加简单。

一、MySQL 命令行实用程序

1. MySQL 服务器端主要实用工具

（1）mysqld：SQL 后台程序（MySQL 服务器进程）该程序必须运行之后，客户端才能通过连接服务器来访问数据库。

（2）mysqld_safe：服务器启动脚本。在 UNIX 和 NetWare 中推荐使用 mysqld_safe 来启动 MySQL 服务器。mysqld_safe 增加了一些安全特性，例

MySQL 命令行
实用程序

如当出现错误时,重启服务器并向错误日志文件中写入运行时的信息。

(3)mysql.server:服务器启动脚本。该脚本用于使用包含为特定级别的、运行启动服务的脚本的、运行目录的系统。它调用 mysqld_safe 来启动 MySQL 服务器。

(4)mysqld_multi:服务器启动脚本。可以启动和停止系统上安装的多个服务器。

(5)myisamchk:用于描述、检查、优化和维护 MyISAM 表的实用工具。

(6)mysqlbug:MySQL 缺陷报告脚本。它可以用来向 MySQL 邮件系统发送缺陷报告。

2. MySQL 客户端主要实用工具程序

(1)myisampack:用于压缩 MyISAM 表,以产生更小的只读表的工具。

(2)mysql:交互式输入 SQL 语句或从文件以批处理模式执行它们的命令行工具。

(3)mysqladmin:执行管理操作的客户程序,如创建或删除数据库、重载授权表、将表刷新到硬盘上以及重新打开日志文件。mysqladmin 还可以用来检索版本、进程以及服务器的状态信息。

(4)mysqlbinlog:用于从二进制日志读取语句的工具。在二进制日志文件中包含执行过的语句,可用来帮助系统从崩溃中恢复。

(5)mysqlcheck:用于检查、修复、分析以及优化表的表维护客户程序。

(6)mysqldump:用于将 MySQL 数据库转储到一个文件的客户程序。

(7)mysqlhotcopy:用于当服务器在运行时,快速备份 MyISAM 或 ISAM 表的工具。

(8)mysqlimport:用于使用 LOAD DATA INFILE 将文本文件导入相关表的客户程序。

(9)mysqlshow:用于显示数据库、表或有关表中列以及索引的客户程序。

(10)perror:用于显示系统或 MySQL 错误代码含义的工具。

二、MySQL Workbench

1. MySQL Workbench 的功能

MySQL 在提供命令行实用程序管理和维护数据库服务器之外,还提供了 MySQL Workbench 等可视化数据库操作环境。

MySQL Workbench 是下一代可视化数据库设计、管理软件,它是数据库设计工具 DB Designer 4 的继任者。它为数据库管理员、程序开发人员和系统规划师提供了一整套可视化数据库操作环境,其主要功能如下:

(1)数据库设计与模型的建立。

(2)SQL 开发(取代了 MySQL Query Browser)。

(3)数据库管理(取代了 MySQL Administrator)。

(4)数据库迁移。

2. MySQL 的版本

MySQL Workbench 有开源社区版和商业版的两个版本,该软件支持 Windows,Linux 和 Mac 操作系统。

(1)MySQL Workbench Community Edition(社区版),是在 GPL 证书下发布的开源社区版本。

(2)MySQL Workbench Standard Edition(商业版),是按年收费的商业版本。

任务 2.1　安装与配置 MySQL 5.7

任务分析

在了解 MySQL 数据库管理系统的特点以及相关知识后,在进行数据库管理和维护之前,必须安装与配置 MySQL 数据库管理系统。

MySQL 支持多种操作平台,不同平台下的安装和配置过程也不相同,本任务重点介绍 Windows 平台下 MySQL 的安装与配置过程。

本任务要求学生在了解和掌握 MySQL 特点的基础上,在 Windows 平台上安装和配置 MySQL 5.7。

任务实施

1. MySQL 的下载

用户可以到官方网站下载最新版本的 MySQL 数据库。按照用户群分类,MySQL 数据库目前分为社区版和企业版,它们最重要的区别是:社区版是自由下载而且完全免费的,但是官方不提供任何技术支持,适用于大多数普通的学习者和用户;企业版是收费的,不能在线下载,它提供更多功能和更完备的技术支持,更适合对数据库的功能和可靠性要求较高的企业用户。

本任务以 MySQL Community Server(社区版)Windows 平台 MySQL 5.7.28 为例介绍其下载过程。

步骤 1　打开浏览器,在地址栏中输入 MySQL 官方网址,打开 MySQL Community Downloads 下载界面,如图 2-1 所示。

图 2-1　MySQL Community Downloads 下载页面

步骤 2　在图 2-1 中,根据用户所使用的操作系统类型,选择下载的操作系统平台 "Microsoft Windows",然后单击"Go to Download Page"按钮,打开 General Availability(GA) Releases 类型的安装包下载页面,如图 2-2 所示。

图 2-2　General Availability(GA) Releases 类型的安装包下载页面

小提示

在 Windows 平台下安装 MySQL 提供了两种安装包,一种是 MySQL 二进制分发版 (.msi安装文件),一种是免安装版(.zip 压缩文件)。一般来讲,应当使用二进制分发版,因为 该版本比其他分发版使用起来要简单,不再需要其他工具来启动就可以运行 MySQL。这里 选择下载 MySQL 二进制分发版。

步骤 3　在图 2-2 中,单击"Windows(x86,32-bit),MSI Installer(mysql-installer-community-8.0.19.0.msi)"后的"Download"按钮,并在打开的页面中,单击"No thanks,just start my download"超链接,系统将立即开始下载。

2. 安装 MySQL 5.7

下面以社区版为例,在 Windows x86 平台上选用图形化的二进制安装方式(.msi)安装 MySQL。操作过程如下:

步骤 1　双击下载的 MySQL 安装文件 mysql-installer-community-8.0.19.0.msi,弹出 "MySQL Install-Community"对话框,如图 2-3 所示,等待 Windows 配置 MySQL installer-Community。配置完成后系统自动弹出"Choosing a Setup Type(选择安装类型)"窗口,如 图 2-4 所示。

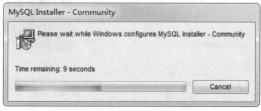

图 2-3　"MySQL Installer-Community"对话框

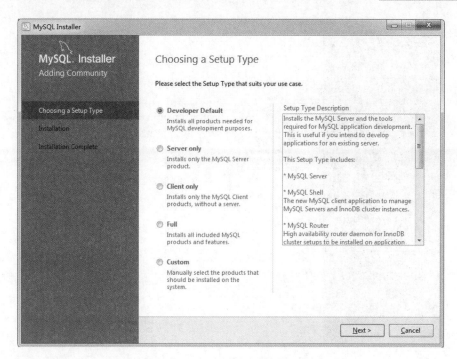

图 2-4　"Choosing a Setup Type(选择安装类型)"窗口

小提示

MySQL 提供了五种安装类型,其含义如下:

(1)Developer Default(开发版本)。安装 MySQL 服务器和 MySQL 应用程序开发所需要的工具。如果打算开发现有服务器的应用程序,这是很有用的。此类型的配置包括 MySQL 服务器、MySQL 路由器、MySQL 工作台、用于 Excel 和 Visual studio 的 MySQL、MySQL 连接器、示例和教程。此选项为默认选项。

(2)Server only(服务器版本)。只安装 MySQL 服务器,此类型应用于部署 MySQL 服务器,但不会开发 MySQL 应用程序。

(3)Client only(客户端版本)。只安装 MySQL 应用程序开发所需要的工具,不包括 MySQL 服务器本身。如果打算开发现有服务器的应用程序,这是很适合的。

(4)Full(完全安装版本)。将安装软件包内包含的所有组件。安装目录中所有可用的产品,包括 MySQL 服务器、MySQL 路由器、MySQL 工作台、用于 Excel 和 Visual studio 的 MySQL、MySQL 连接器、示例和教程。此选项占用的磁盘空间比较大,一般不推荐用这种方式安装。

(5)Custom(定制安装版本)。用户可以自由选择需要的组件。

步骤 2　在图 2-4 中选择"Custom(定制安装版本)",单击"Next"按钮,打开"Select Products and Features(选择产品和组件)"窗口,如图 2-5 所示。

步骤 3　在图 2-5 中,添加所要安装的组件,在左侧树状视图内,选择要安装的组件,单击向右的箭头,将所需安装的组件加入右侧树状视图内,选择完成后,如图 2-6 所示。

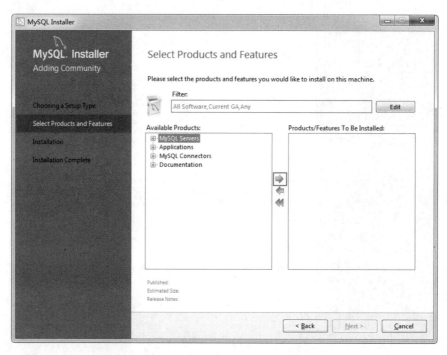

图 2-5　"Select Products and Features(选择产品和组件)"窗口

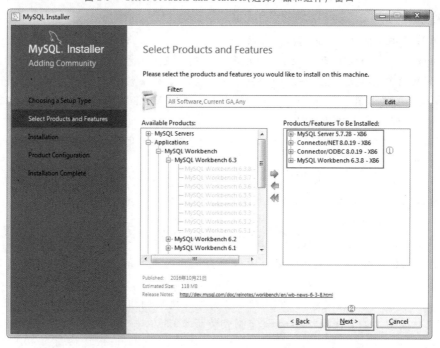

图 2-6　安装组件添加完成后的窗口

　　步骤 4　单击"Next"按钮,打开"Installation(安装确认)"窗口,如图 2-7 所示。

　　步骤 5　在图 2-7 中单击"Execute"按钮,系统将从 MySQL 官方网站下载组件安装包并进行安装,如图 2-8 所示。

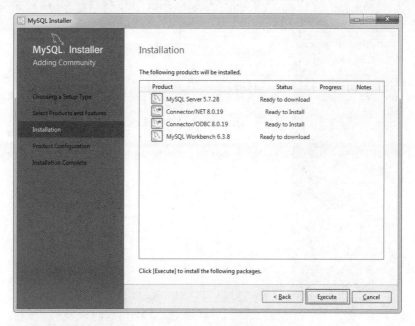

图 2-7　"Installation(安装确认)"窗口

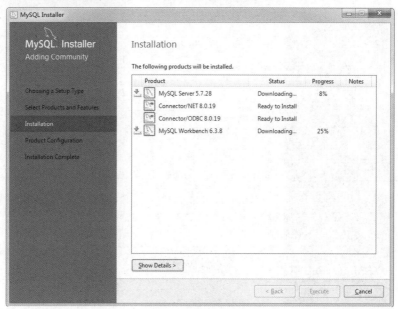

图 2-8　安装进度窗口

步骤 6　当安装进度窗口各组件的"Status"显示为"Complete"时,表示组件安装完成,如图 2-9 所示。单击"Next"按钮进入"Product Configuration(产品配置)"窗口,如图 2-10 所示,也可以单击"Cancel"按钮取消配置。

至此 MySQL 数据库安装完成,如果想正常使用必须进行一系列的配置,下面将进行 MySQL 配置操作。

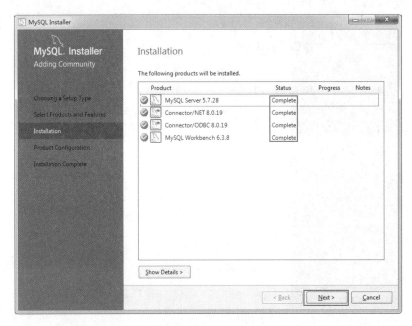

图 2-9　安装完成窗口

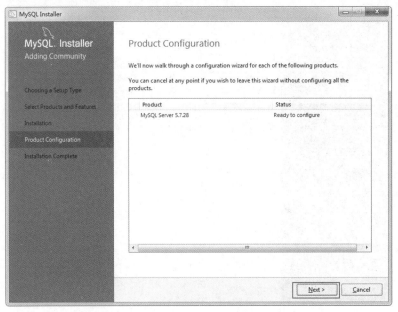

图 2-10　"Product Configuration(产品配置)"窗口

3. 配置 MySQL 5.7

MySQL 数据库安装完毕,需要配置服务器,具体的配置步骤如下:

步骤 1　在如图 2-10 所示的窗口中单击"Next"按钮,进入"High Availability(高可用性)"窗口。这里选择"Standalone MySQL Server/Classic MySQL Replication"模式,如图 2-11 所示。

步骤 2　单击"Next"按钮进入"Type and Networking(配置类型和网络设置)"窗口,如图 2-12 所示。设置 Server Configuration Type 为"Development Computer",启用 TCP/IP 网络,默认端口号为 3306,并选中"Open Windows Firewall port for network access"复选框,表

示防火墙将允许通过该端口访问。

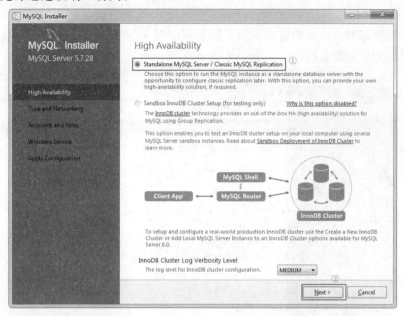

图 2-11　"High Availability(高可用性)"窗口

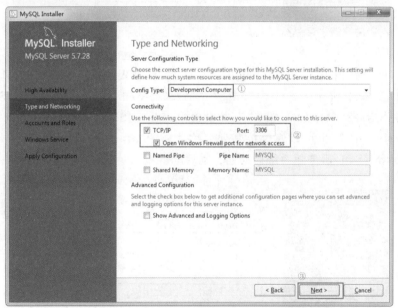

图 2-12　"Type and Networking(配置类型和网络设置)"窗口

小提示

Server Configuration Type 有以下三种取值：

(1)Developer Computer(开发计算机)。代表典型个人用桌面工作站,如果机器上运行着多个桌面应用程序,则将 MySQL 服务器配置成使用最少的系统资源。

(2)Server Machine(服务器)。代表服务器,MySQL 服务器可以同其他应用程序一起运行,如 FTP,E-mail 和 Web 服务器。

(3)Dedicated MySQL Server Computer(专用 MySQL 服务器)。代表只运行 MySQL 服务的服务器。假定没有运行其他应用程序,则将 MySQL 服务器配置成使用所有可用系统资源。

步骤3 在图 2-12 单击"Next"按钮进入"Accounts and Roles(账户和角色)"窗口,如图 2-13 所示。其中"MySQL Root Password"表示为 root 用户设置密码,"Repeat Password"表示确认密码,保证两次输入的密码一致。"MySQL User Accounts"表示可以创建新的用户账户角色,并为角色分配权限。

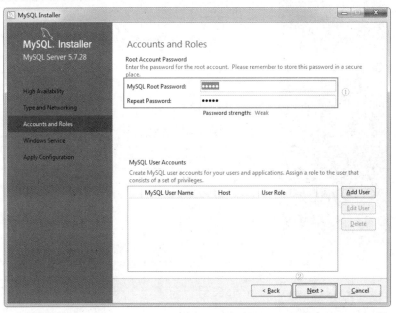

图 2-13 "Accounts and Roles(账户和角色)"窗口

步骤4 设置好相应的选项后,单击"Next"按钮,进入"Windows Service(Windows 服务)"窗口,如图 2-14 所示。选中"Configure MySQL Server as a Windows Service(配置 MySQL 服务作为一种 Windows 服务)",并设置 Windows Service Name(Windows 服务的名称),默认为 MySQL57,也可以修改成其他名称。选中"Start the MySQL Server at System Startup",表示 MySQL 服务随系统启动而自动启动。

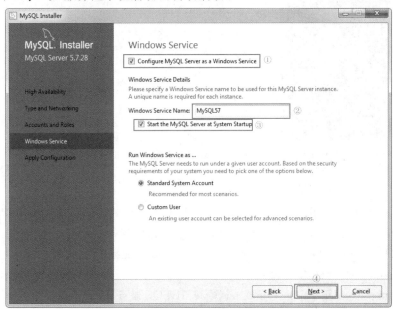

图 2-14 "Windows Service(Windows 服务)"窗口

步骤 5　设置好选项后,单击"Next"按钮进入"Plugins and Extensions(插件和扩展)"窗口,使用默认设置,单击"Next"按钮,如图 2-15 所示。

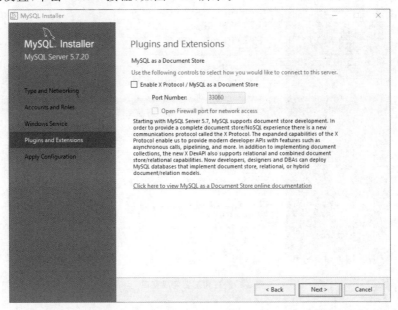

图 2-15　"Plugins and Extensions(插件和扩展)"窗口

步骤 6　进入"Apply Configuration(应用配置)"窗口,如图 2-16 所示。如果配置无误,单击"Execute"按钮,配置向导将执行一系列的任务,并显示任务进度。当所有项都配置完成时,显示如图 2-17 所示窗口。

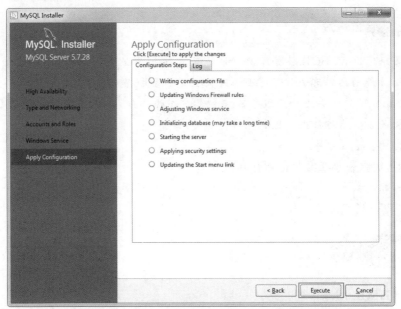

图 2-16　"Apply Configuration(应用配置)"窗口

步骤 7　在图 2-17 中单击"Finish"按钮再次进入产品配置窗口,如图 2-10 所示。单击"Cancel"按钮取消,完成配置。

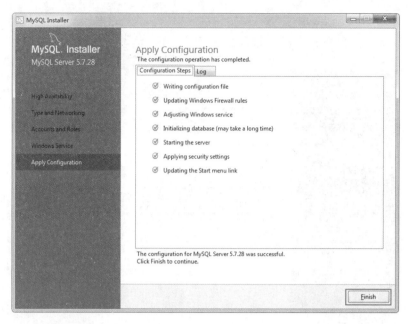

图 2-17　应用配置完成窗口

任务 2.2　启动与登录 MySQL

任务分析

　　用户如果想使用 MySQL 数据库管理系统来管理和维护数据库,则必须启动服务器端的 MySQL 服务,才能够通过客户端登录到 MySQL 进行数据库操作。

　　MySQL 数据库管理系统分为服务器端和客户端两部分,其中服务器端提供数据服务,客户端用于登录服务器端对数据库进行操作。

　　本任务的功能是:

　　(1)使用系统服务管理器和命令行启动 MySQL 服务。

　　(2)使用 Navicat For MySQL 平台和命令行命令登录 MySQL 服务器。

　　(3)配置 PATH 变量。

任务实施

1. 启动 MySQL 服务

　　在任务 2.1 安装和配置 MySQL 的操作过程中,已经将 MySQL 配置为 Windows 服务。MySQL 服务将随着 Windows 操作系统的启动、停止而自动启动和停止,原则上不必由用户自行启动或停止 MySQL 服务。但用户也可以使用 Windows 的服务管理器或者在命令提示符下使用 NET 行命令来启动或停止 MySQL 服务。

(1)使用系统服务管理器启动 MySQL 服务

步骤 1   在 Windows 桌面,选择"开始"→"控制面板"→"管理工具"→"服务",打开 Windows 服务管理器窗口,如图 2-18 所示。

图 2-18 Windows 服务管理器窗口

步骤 2   在 Windows 服务管理器窗口中,在服务器的列表中找到 MySQL57 服务并右击,在弹出的快捷菜单中完成 MySQL 服务的各种操作(启动、重新启动、停止、暂停和恢复),也可以双击 MySQL57 服务,打开"MySQL57 的属性(本地计算机)"对话框,如图 2-19 所示。在对话框中的"启动类型"下拉列表框中设置启动类型,再单击"启动"、"停止"、"暂停"或"恢复"按钮对服务进行各种操作。

图 2-19 "MySQL57 的属性(本地计算机)"对话框

(2)在命令提示符下使用 NET 行命令启动 MySQL 服务

步骤 1   在 Windows 桌面,选择"开始"→"运行",弹出"运行"对话框,如图 2-20 所示。在"运行"对话框输入"cmd"命令,单击"确定"按钮进入命令提示符窗口(DOS 窗口)。

步骤 2   在命令提示符窗口中输入命令"net start mysql57",如图 2-21 所示,按 Enter 键即可启动 MySQL 服务。

图 2-20 "运行"对话框   图 2-21 命令提示符窗口

小提示

命令"net start mysql57"中 start 表示启动服务,如果停止服务则为 stop,mysql57 表示服务器名称。

2. 登录(连接)到 MySQL 服务器

MySQL 服务启动后,用户可以通过客户端来登录 MySQL 服务器。

微 课

登录连接到 MySQL
服务器

(1)使用图形管理工具登录到 MySQL 服务器

MySQL 与 Oracle 数据库管理系统相类似,也提供了 DOS 命令行界面操作和管理数据库。但由于用户习惯于使用可视化操作界面来管理和维护数据库,MySQL 提供了多种图形化管理工具来管理和维护 MySQL 数据库,极大地提高了数据库操作与管理效率。本书使用的图形管理工具为 Navicat for MySQL 平台,该管理工具支持中文、简单易用,同时提供免费版本。

使用 Navicat for MySQL 平台登录 MySQL 服务器的步骤如下:

步骤 1 启动 Navicat for MySQL 平台,打开如图 2-22 所示的管理界面。

步骤 2 首次启动 Navicat for MySQL 平台,左侧连接栏中没有任何 MySQL 服务项目,单击工具栏中的"🔧"按钮,在下拉列表中选择"MySQL..."命令,弹出"MySQL-新建连接"对话框,如图 2-23 所示。

图 2-22 Navicat for MySQL 窗口   图 2-23 "MySQL-新建连接"对话框

步骤 3　在图 2-24 中,输入连接名和密码,可单击"测试连接"测试是否连接成功,单击"确定"按钮即可登录(连接)到 MySQL 服务器,如图 2-24 所示。

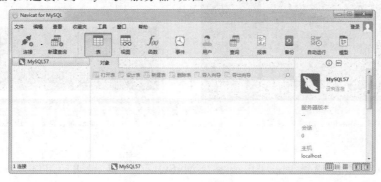

图 2-24　登录成功界面

小提示

登录到 MySQL 服务器后,并没有与服务器建立连接,MySQL57 前面的图标显示为灰色,双击 MySQL57 服务项目,则图标显示为绿色,表示连接到 MySQL57 项目,并在其下方显示 MySQL 服务实例下的数据库。

(2)使用 Windows 命令行方式登录

步骤 1　在 Windows 桌面,选择"开始"→"运行",在"运行"对话框输入"cmd"命令,单击"确定"按钮进入命令提示符窗口(DOS 窗口)。

步骤 2　在命令提示符窗口中输入命令"mysql -h localhost -u root -p",按 Enter 键后,系统提示输入密码"Enter password",这里输入前面配置中设置的密码,按 Enter 键结束输入,则在窗口的命令提示符变为"mysql>"时,表示已经连接到 MySQL 服务器,用户就可以进行操作了,如图 2-25 所示。

小提示

连接 MySQL 服务器的格式为:

/>mysql -h 服务器地址 -u 用户名 -p［密码］

其中:

①服务器地址:是指要登录到的服务器名称,如果是本机可以表示为 localhost 或 127.0.0.1,也可以省略。

②-u 用户名:是指要登录到服务器的用户名称,不能省略,root 表示系统管理员。

③-p［密码］:是指登录到服务器的用户名称对应的密码,可以省略,但-p 不能省略。如果不省略密码,则密码以明文显示;如果省略密码,则按 Enter 键后,系统提示输入密码,这时输入的密码将以密文的方式显示。

(3)使用 MySQL Command Line Client 登录

步骤 1　在 Windows 桌面,选择"开始"→"所有程序"→"MySQL"→"MySQL Server 5.7"→"MySQL 5.7 Command Client"命令,进入提示输入密码的 DOS 窗口,如图 2-26 所示。

步骤 2　在提示输入密码的 DOS 窗口,输入密码后,按 Enter 键登录到 MySQL 服务器。

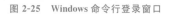
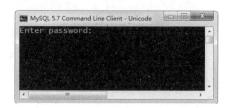

图 2-25　Windows 命令行登录窗口　　　　　　图 2-26　提示输入密码的 DOS 窗口

小提示

使用 MySQL Command Line Client 登录 MySQL 服务器,使用的用户名默认为 root。

(4)设置 PATH 变量

在使用命令提示符登录 MySQL 服务器时,如果提示"mysql"不是内部或外部命令,也不是可运行的程序或批处理文件,则表示没有把 MySQL 的 bin 目录添加系统的环境变量中,系统无法找到 mysql 外部命令,需要手动设置 PATH 变量。

步骤 1　在 Windows 桌面,右击"计算机"图标,在弹出的快捷菜单中选择"属性",打开"系统"窗口,再单击左侧"高级系统设置"按钮,打开"系统属性"对话框,如图 2-27 所示。

步骤 2　在"系统属性"对话框中,单击"环境变量"按钮,打开"环境变量"对话框,如图 2-28 所示。

步骤 3　在"环境变量"对话框的系统变量列中选择"Path"变量,单击"编辑"按钮,打开"编辑系统变量"对话框,在对话框中将 MySQL 应用程序的 bin 目录(C:\Program Files\MySQL\MySQL Server 5.7\bin)添加到变量值中,用分号将其与其他路径分隔开,如图 2-29 所示。单击"确定"按钮完成 PATH 变量的设置,然后就可以直接使用 mysql 命令了。

图 2-27　"系统属性"对话框　　　　　　　　图 2-28　"环境变量"对话框

图 2-29　"编辑系统变量"对话框

任务 2.3　更改 MySQL 的配置

　　MySQL 安装完毕后,通过配置向导对 MySQL 的参数进行配置,如服务器名称、网络模式、网络协议、端口号、root 密码、插件配置、应用配置等。配置 MySQL 参数以保证 MySQL 服务器与客户端能够正常进行连接,MySQL 的参数配置包括服务器端参数、客户端参数、网络配置参数、字符集参数以及各种缓冲区参数设置等。用户可以根据需要更改 MySQL 的配置参数。

　　本任务的功能要求如下 :

　　(1)通过配置向导更改 MySQL 的配置。

　　(2)通过手工修改配置文件更改 MySQL 的配置。

1.通过配置向导更改 MySQL 的配置

　　当用户需要修改配置参数时,可以直接从 MySQL 的 C:\Program Files\MySQL\MySQL Installer for Windows 目录下执行修改配置向导文件 MySQLInstaller.exe 进行 MySQL 的参数配置。

　　步骤 1　打开 C:\Program Files\MySQL\MySQL Installer for Windows 目录,执行 MySQLInstaller.exe,打开配置向导窗口,如图 2-30 所示。

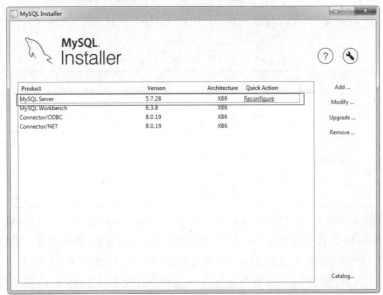

图 2-30　配置向导窗口

步骤 2　在配置向导窗口,选择"MySQL Server"产品项,单击"Reconfigure"选项,进入维护选项对话框,配置过程和任务 2.1 中的配置 MySQL 过程相同,读者可以参照执行即可。

小提示

与配置 MySQL 操作过程唯一不同的是安全设置窗口,在重新配置时,需要输入当前 root 用户的密码,如图 2-31 所示,其他配置过程无变化,在此不再赘述。

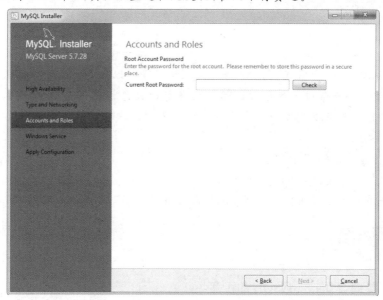

图 2-31　输入当前 root 用户的密码

2. 手工修改配置文件更改 MySQL 的配置

用户可以通过修改 MySQL 配置文件的方式来进行配置 MySQL,这种配置方式更加灵活,但难度较大。对于初学者可以通过手工配置的方式学习 MySQL 的配置。

在配置之前,首先了解 MySQL 提供的二进制安装代码包创建的默认目录布局。MySQL 5.7 默认安装文件目录是"C:\Program Files\MySQL\MySQL Server 5.7",此文件夹中包含的文件夹见表 2-1。

表 2-1　　　　　Windows 平台下 MySQL 文件夹列表

文件夹名	文件夹内容
bin	客户端程序和服务器端程序
data	数据库和日志文件
include	包含(头)文件
lib	库文件
share	字符集、语言等信息

MySQL 不同版本下的文件夹布局会有一些差异,但基本都包含表 2-1 中的文件夹。另外在安装文件夹中还包含若干文件,其中有几个前缀不同的.ini 类型的配置文件。不同文件分别提供不同数据库类型的配置参数,其中最重要的就是 my.ini 参数配置文件。

手工更改 MySQL 配置的方法就是修改 my.ini 参数配置文件中的内容。使用记事本或其他文本编辑软件打开 my.ini,内容如下,在此文件中进行修改然后保存即可。

```
# MySQL Server Instance Configuration File
# ------------------------------------------------------------
# MySQL 客户端参数
# CLIENT SECTION
# ------------------------------------------------------------
[client]
# 数据库的连接端口。默认端口是 3306,如果希望更改端口,可以直接在下面修改
port=3306
[mysql]
# 客户端的默认字符集。省略表示采用系统默认的,也就是服务器端的字符集
# default-character-set=
# 下面是服务器端各参数的设置。[mysqld]后面的内容属于服务器端
# SERVER SECTION
# ------------------------------------------------------------
[mysqld]
# MySQL 服务程序 TCP/IP 监听端口(默认为 3306)
port=3306
# 设置 MySQL 的默认安装路径
# basedir="C:/Program Files/MySQL/MySQL Server 5.7/"
# 设置 MySQL 数据文件的存储位置
datadir=C:/ProgramData/MySQL/MySQL Server 5.7/Data
# 设置 MySQL 服务器端的字符集
# character-set-server=utf8
# 设置创建新表时默认的表类型,也就是存储引擎
default-storage-engine=INNODB
# 设置同时处理的数据库连接的最大数量
max_connections=151
# 同时打开的数据表的最大线程数
table_open_cache=2000
# 临时数据表的最大长度
tmp_table_size=11M
# 服务器线程缓冲数量
thread_cache_size=10
# * * * MyISAM Specific options
# ------------------------------------------------------------
# 当重建索引时,MySQL 允许使用的临时文件的最大大小
myisam_max_sort_file_size=100G
# MySQL 需要重建索引以及 LOAD DATA INFILE 到一个空表时,缓冲区的大小.
myisam_sort_buffer_size=14M
```

```
# 设置关键缓冲区大小
key_buffer_size=8M
# 进行 MyISAM 表全表扫描的缓冲区大小
read_buffer_size=28K
# 排序操作时与磁盘之间的数据存储缓冲区大小
read_rnd_buffer_size=256K
# * * * INNODB Specific options * * *
# ----------------------------------------------
# 设置什么时候把日志文件与到磁盘上,默认值是 1
innodb_flush_log_at_trx_commit=1
# 设置用来存储日志数据的缓冲区的大小
innodb_log_buffer_size=1M
# Innodb 整体缓冲池大小
innodb_buffer_pool_size=8M
# 设置 Innodb 日志文件的大小
innodb_log_file_size=48M
# 设置 Innodb 存储引擎允许的最大线程数
innodb_thread_concurrency=9
# 设置 Innodb 存储引擎默认自动增长量
innodb_autoextend_increment=64
```

任务 2.4　MySQL 常用图形化管理工具的使用

任务分析

　　MySQL 数据库管理系统与 Oracle 数据库系统相类似,提供了命令行状态下的服务器端和客户端实用程序来管理和维护 MySQL 数据库。这种 DOS 提示符下的命令行管理方式要求用户必须熟练掌握各种管理命令的格式,为了便于用户对 MySQL 数据库进行管理和维护,MySQL 和第三方提供了众多的图形化管理工具,如 MySQL Workbench,phpMyAdmin,Navicat for MySQL,MySQL Gui Tools,MySQL ODBC Connector,MySQLDumper 等。

　　本任务的功能要求是介绍 MySQL 常用图形化管理工具的使用。

任务实施

1. Navicat for MySQL

　　Navicat for MySQL 是一个桌面版 MySQL 数据库管理和开发工具,Navicat for MySQL 是一套管理和开发 MySQL 或 MariaDB 的理想解决方案,支持单一程序,可同时连接到

MySQL 和 MariaDB。这个功能齐备的前端软件为数据库管理、开发和维护提供了直观而强大的图形界面，为 MySQL 或 MariaDB 新手以及专业人士提供了全面的管理工具。其运行界面如图 2-32 所示。该软件也是本书所使用的图形管理工具。

图 2-32　Navicat for MySQL 运行界面

2. phpMyAdmin

phpMyAdmin 是一个以 PHP 为基础，以 Web-Base 方式架构在网站主机上的 MySQL 的数据库管理工具，让管理者可用 Web 接口管理 MySQL 数据库。由此使 Web 接口成为一个简易方式输入繁杂 SQL 语法的最佳途径。phpMyAdmin 更大的优势在于它与其他 PHP 程序一样在 Web 服务器上运行，用户可以远程管理和维护 MySQL 数据库，方便的建立、修改、删除数据库及资料表。phpMyAdmin 支持中文，管理数据库非常方便，但不足之处在于对大数据库的备份和恢复不方便。其运行界面如图 2-33 所示。

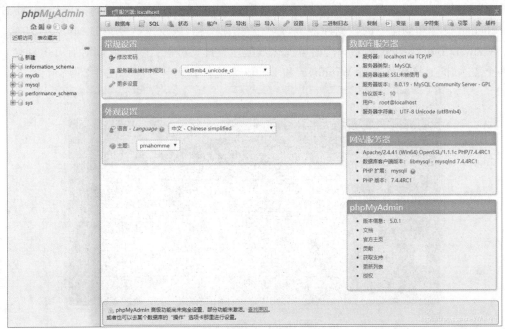

图 2-33　phpMyAdmin 运行界面

3. mysqldumper

mysqldumper 是采用 PHP 开发的 MySQL 数据库备份与恢复工具,解决了使用 phpMy-Admin 进行大数据库备份和恢复的问题,数百兆的数据库都可以方便地备份和恢复,不用担心出现网速太慢导致中断的问题,非常方便易用。这个软件是由德国人开发的,目前还没有中文语言包。其运行界面如图 2-34 所示。

图 2-34 mysqldumper 运行界面

4. MySQL Workbench

MySQL Workbench 是 MySQL 官方提供的图形化管理工具。它是一款专为 MySQL 设计的 ER/数据库建模工具。它是数据库设计工具 DBDesigner4 的继任者。可以用 MySQL Workbench 设计和创建新的数据库图例,建立数据库文档,以及进行复杂的 MySQL 迁移。

MySQL Workbench 是下一代的可视化数据库设计、管理的工具,它同时有开源和商业化的两个版本,同时该软件支持 Windows 和 Linux 系统。其运行界面如图 2-35 所示。

图 2-35 MySQL Workbench 运行界面

5. MySQL GUI Tools

MySQL GUI Tools 是 MySQL 官方提供的图形化管理工具,功能非常强大,但不支持中文。MySQL GUI Tools 提供了四个非常好用的图形化应用程序,方便数据库管理和数据查询。这些图形化管理工具可以大大提高数据库管理、备份、迁移和查询以及管理数据库实例效率,即使没有丰富的 SQL 语言基础的用户也可以应用自如。它们分别是:

MySQL Migration Toolkit:数据库迁移

MySQL Administrator:MySQL 管理器

MySQL Query Browser:用于数据查询的图形化客户端

MySQL Workbench:DB Design 工具

其运行界面如图 2-36 所示。

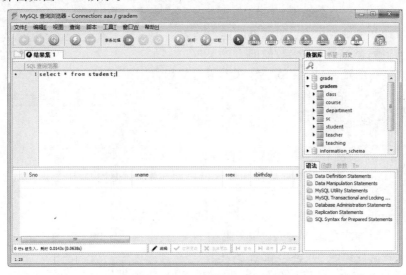

图 2-36　MySQL GUI Tools 运行界面

6. MySQL Connector/ODBC

MySQL Connector/ODBC 是 MySQL 官方提供的 ODBC 接口程序,系统安装这个程序之后,用户就可以通过 ODBC 来访问 MySQL 了,从而实现 SQL Server,Access 和 MySQL 之间的数据转换,同时还支持 ASP 访问 MySQL 数据库。其运行界面如图 2-37 所示。

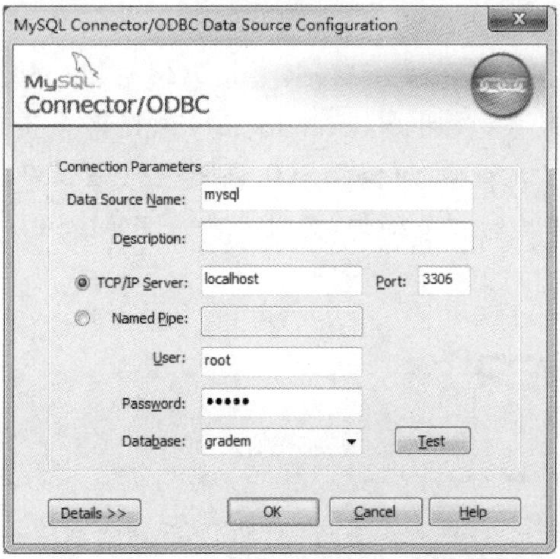

图 2-37　MySQL Connector/ODBC 运行界面

项目实训　安装 MySQL 及 Navicat for MySQL

一、实训的目的和要求

1.具有在 Windows 操作系统平台下安装 MySQL 的能力。

2.具有 MySQL 配置的能力。

3.具有启动和登录 MySQL 服务器的能力。

4.具有手工配置 MySQL 参数的能力。

5.具有安装和配置 Navicat for MySQL 平台的能力。

二、实训内容

1.在 Windows 平台上安装与配置 MySQL 5.7.28。

2.通过 Windows 系统服务管理器和命令行启动和停止 MySQL 服务。

3.下载并安装 Navicat for MySQL 平台。

4.使用 Navicat for MySQL 平台登录 MySQL 服务器。

5.使用命令行方式登录 MySQL 服务器。

6.使用配置向导更改 MySQL 配置参数。

7.通过修改 my.ini 手工更改 MySQL 配置参数,将数据库存储位置改为 D:\MySQL\DATA 文件夹。

8.将 MySQL 目录添加到 PATH 变量,保证 MySQL 的相关路径包含在 PATH 变量中。

项目总结

本任务主要介绍了 MySQL 的特点、优势、版本信息以及 MySQL 数据库服务。并以 Windows 平台为例通过任务讲解介绍了 MySQL 5.7 的安装与配置;使用系统服务管理器和命令行方式启动 MySQL 服务;使用 Navicat for MySQL 平台登录到 MySQL 服务器;更改 MySQL 的配置参数;介绍了几种常用的 MySQL 图形化管理工具。通过本项目的学习,学生了解和掌握了 MySQL 数据库的相关知识,为进一步应用 MySQL 管理和维护数据库打下良好的基础。

 思考与练习

一、单选题

1.下列工具中,属于图形化用户界面的 MySQL 管理工具是(　　)。

A. mysql　　　　　　　　　　　　　B. mysqld

C. phpMyAdmin　　　　　　　　　　D. mysqldump

2.以下属于非图形化用户界面的 MySQL 管理工具是（　　）。

A. MySQL Workbench　　　　　　　　B. Navicat

C. mysql　　　　　　　　　　　　　　D. phpAdmin

3.使用图形化管理工具 phpMyadmin 操作 MySQL 数据库时，数据库应用结构为（　　）。

A. 浏览器/服务器结构　　　　　　　　B. 并行结构

C. 客户/服务器结构　　　　　　　　　D. 集中式结构

4.MySQL 使用（　　）文件中的配置参数。

A. my_larger. ini　　　　　　　　　　B. my_small. ini

C. my_huge. ini　　　　　　　　　　　D. my. ini

二、多选题

1.安装 MySQL 数据库后，系统自动创建的数据库包括（　　）。

A. information_schema　　　　　　　　B. mysql

C. performance_schema　　　　　　　　D. choose

2.以下关于 MySQL 的叙述中，正确的是（　　）。

A. MySQL 默认的端口号是 3306　　　B. MySQL 是基于网状模型的数据库

C. MySQL 为多种编程语言提供 API　D. MySQL 是一种开源的系统软件

3.以下关于 MySQL 的叙述中，不正确的是（　　）。

A. MySQL 能够运行于多种操作系统平台

B. MySQL 只适用于中小型应用系统

C. MySQL 具有数据库检查和界面设计的功能

D. MySQL 的编程语言是 PHP

三、简述题

1.简述 MySQL 的特点。

2.简述 MySQL 的版本信息。

3.解释 MySQL 服务、MySQL 实例和 MySQL 数据库的概念

4.简述使用命令行登录到 MySQL 服务器的命令格式。

5.简述常用的 MySQL 图形化管理工具。除教材介绍的几种之外，你还了解哪些MySQL 图形化管理工具？

项目 3

学生信息管理数据库的创建与管理

项目概述

　　数据库是存储数据库对象的容器,是指长期存储在计算机内有组织、可共享的数据集合。MySQL 数据库的管理主要包括数据库的创建、打开当前操作数据库、修改数据库和删除数据库等操作。

　　本项目将以学生信息管理数据库"gradem"为例,采用 Navicat for MySQL 平台和 SQL 语句两种操作方式介绍数据库的创建、打开、修改和删除。通过本项目的学习,学生将具有使用 Navicat for MySQL 平台和 SQL 语句进行数据库管理和维护的能力,为后续应用 MySQL 数据库管理系统创建和维护数据表积累经验。

知识储备

知识点 1　SQL 概述

　　SQL 是 Structure Query Language(结构化查询语言)的缩写,是由美国国家标准协会 ANSI 和国际标准化组织 ISO 定义的关系数据库的语言标准。

　　SQL 标准自 1986 年以来不断演化发展,从 1986 年发布的 SQL86 标准,1992 年发布的 SQL92 标准,1999 年发布的 SQL99 以及 2008 年发布的 SQL2008 标准,SQL 得到了广泛的应用。

微　课

SQL 概述

　　1. SQL 的特点

　　SQL 的本义是结构化查询语言,实际上不仅仅是查询语言,而且是用户和关系数据库管理系统交互通信的语言和工具。通过 SQL,用户可以完成数据库的使用、管理和维护。

　　SQL 具有如下四个特点:

　　(1)SQL 是一体化语言

　　SQL 把数据定义、数据操纵、数据控制功能集于一体,语言风格统一,可以独立完成数据库的全部操作。

　　(2)SQL 是非过程化语言

　　SQL 是面向集合操作的语言,只需提出"做什么",而不必知道"如何做",操作过程由系统自动完成。

　　(3)SQL 既是内含式语言,又是嵌入式语言

　　SQL 既可以作为一种独立使用的交互式语言,又可以嵌入高级语言中作为宿主语言使用。

　　(4)SQL 简单易用

　　SQL 的格式遵循英文的语法规则,符合人们的思维方式,语言简单,易学易用。

　　2. SQL 的功能分类

　　根据 SQL 的执行功能特点,可以将 SQL 分为三种类型:数据定义语言、数据操纵语言和

数据控制语言。

(1)数据定义语言(Date Definition Language,DDL)

DDL 是最基础的 SQL 功能类型,是用于操作数据库中元数据的语言,主要用于定义和管理数据库以及各种数据库对象。在 MySQL 中,数据库对象包括表、视图、触发器、存储过程、索引、函数及用户等。这些数据库对象都需要被定义后才能使用。最常用的 DDL 语句主要包括 CREATE,ALTER 和 DROP 等。

(2)数据操纵语言(Data Manipulation Language,DML)

DML 是用于操作数据库中数据的语言,主要用于查询、插入、修改、删除数据库中的用户数据。最常用的 DML 语句有 SELECT,INSERT,UPDATE 和 DELETE。

(3)数据控制语言(Data Control Language,DCL)

DCL 是用于维护数据库安全性的语言,主要用于设置或更改数据库用户或角色的权限,控制用户对数据的存取。DCL 主要包括 GRANT 和 REVOKE 等权限控制语句。

知识点 2 　 MySQL 数据库概述

1. MySQL 数据库文件

数据库管理的核心任务包括创建、操作和维护数据库。在 MySQL 中每个数据库都对应存放在一个与数据库同名的文件夹中。MySQL 数据库文件包括 MySQL 所建数据库文件和 MySQL 所使用存储引擎创建的数据库文件。MySQL 数据库文件有".frm"".ymd"".myi"".log"四种。

(1)MySQL 创建并管理的数据库文件

MySQL 创建并管理的数据库文件为.frm 文件,用于存储数据表的框架结构,文件名与表名相同,每个表对应一个同名.frm 文件,与操作系统和存储引擎无关,即不管 MySQL 运行在何种操作系统上,使用何种存储引擎,都有这个文件。

(2)根据 MySQL 所使用的存储引擎的不同创建的数据库文件

MySQL 常用的两个存储引擎是 MyISAM 和 InnoDB,MySQL 根据使用存储引擎的不同会创建各自不同的数据库文件。其中 MyISAM 表文件包括三种:

①.myd,即 MY Data,表数据文件。

②.myi,即 MY Index,表数据文件中的索引文件。

③.log:日志文件。

MySQL 数据库文件默认的存放位置在 C:\Program Files\MySQL\MySQL Server 5.7\data 文件夹,用户也可以通过配置向导或手工配置 my.ini 参数文件更改数据库的默认存放位置。

2. MySQL 系统数据库

MySQL 安装完成后,系统将自动在其 data 目录下创建 information_schema,mysql,performance_schema 和 sys 四个系统数据库。

(1)查看系统数据库

在 DOS 命令提示符下登录到 MySQL 服务器,执行命令"show database;",即可查看当前所有存在的数据库,如图 3-1 所示。

如果用 Navicat for MySQL 平台显示数据,只需双击窗口左侧的"MySQL57"服务器名称,即可在其下方展开当前所有存在的数据库,如图 3-2 所示。

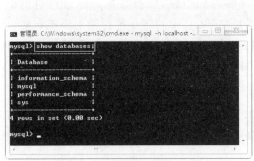

图 3-1　以命令行方式显示数据库　　　　图 3-2　在 Navicat for MySQL 平台中显示数据库

(2)系统数据库的作用

从上述显示结果来看,MySQL 安装后自动创建了四个数据库,数据库作用见表 3-1。

表 3-1　　　　　　　　　　　　MySQL 系统数据库的作用

数据库名称	作用
information_schema	用于存储数据库元数据(关于数据的数据),例如数据库名、表名、列的数据类型与访问权限等
mysql	MySQL 的核心数据库,类似于 SQL Server 中的 Master 表,主要负责存储数据库的用户、权限设置、关键字以及 mysql 数据库需要使用的控制和管理信息。mysql 数据库不可以删除
performance_schema	MySQL 5.5 新增加的一个性能优化引擎,主要用于环境收集数据库服务器性能参数
sys	MySQL 5.7 新增的系统数据库。通过视图的形式把 information_schema 和 performance_schema 结合起来,查询出更加令人容易理解的数据,存储过程可以执行一些性能方面的配置,也可以得到一些性能诊断报告内容

> **小提示**
>
> 用户不要随意删除 MySQL 的系统数据库,否则 MySQL 不能正常运行。

知识点 3　MySQL 数据库的存储引擎

存储引擎是 MySQL 的一个特性,可简单理解为表类型。每一个表都有一个存储引擎,在使用 CREATE TABLE 语句创建表时可以通过关键字 ENGINE 指定存储引擎。在介绍 MySQL 数据库存储引擎之前先了解一下存储引擎的概念。

微　课

MySQL 数据库的
存储引擎

1.存储引擎概述

存储引擎实际上就是存储数据、为存储的数据建立索引和更新、查询数据。因为在关系数据库中数据是以表的形式存储的,所以存储引擎也可以理解为表类型。

MySQL 数据库提供了多种存储引擎,用户可以根据不同的需求为数据表选择不同的存储引擎,也可以根据自己的需要编写自己的存储引擎。数据库的存储引擎决定了表在计算机中的存储方式。

与其他数据库管理系统不同,MySQL 的核心是插件式的存储引擎,存储引擎是基于表的。同一个数据库,不同的表,存储引擎可以不同,同一个数据库表在不同的场合可以应用不同的存储引擎。

在 Oracle 和 SQL Server 等数据库系统中只有一种存储引擎,所有数据存储管理机制都是一样的,但是 MySQL 数据库提供了多种存储引擎。MySQL 中的每一种存储引擎都有各自的特点。对于不同业务类型的表,为了提升性能,数据库开发人员应该选用更合适的存储引擎。MySQL 常用的存储引擎有 InnoDB 和 MyISAM。

2. MySQL 常用的存储引擎

MySQL 5.7 支持的存储引擎主要有 InnoDB,MyISAM,MEMORY,MRG-MYISAM,ARCHIVE,FEDERATED,CSV,PERFORM ANCE-SCHEMA 和 BLACKOLE 等,可以使用 SHOW ENGINES 语句查看系统的存储引擎。

在 Navicat for MySQL 平台中,在左侧服务器名 MySQL57 上右击,在弹出的快捷菜单中选择"命令列界面",系统在右侧打开"MySQL57-命令列界面"选项卡,并在其中显示 mysql>命令提示符,输入"SHOW ENGINES;",显示当前系统支持的存储引擎类型,结果如图 3-3 所示。

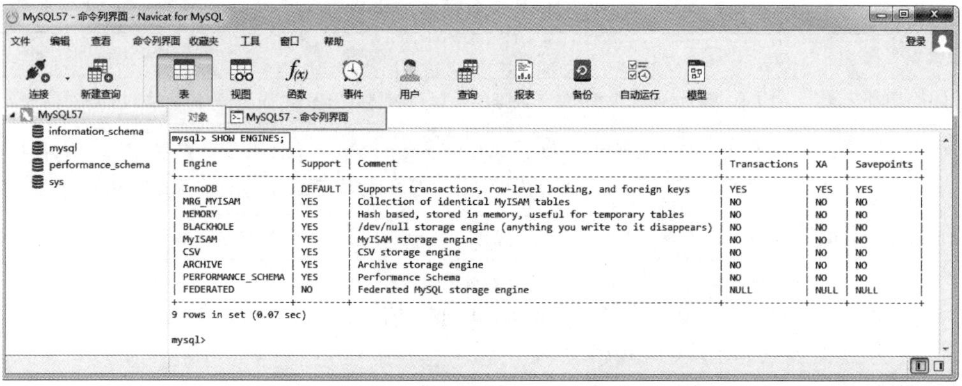

图 3-3　查看当前系统支持的存储引擎类型

从输出的结果中可以看到当前系统支持多个存储引擎。其中 Support 列的值表示某种存储引擎能否使用,YES 表示可用,NO 表示不能使用,DEFAULT 表示该引擎为当前默认的存储引擎。

下面介绍 MySQL 最常用的 InnoDB,MyISAM,MEMORY 三种存储引擎。

(1)InnoDB 存储引擎

InnoDB 是事务型数据库的首选引擎,支持事务安全表(ACID),其他存储引擎都不支持事务安全表,支持行锁定和外键,MySQL 5.5 版本以后默认使用 InnoDB 存储引擎。InnoDB 具有如下主要特性:

①为 MySQL 提供了具有提交、回滚和崩溃恢复能力的事务安全(ACID 兼容)存储引擎。InnoDB 锁定在行级并且也在 SELECT 语句中提供一个类似 Oracle 的非锁定读。这些功能

增加了多用户部署和性能。在 SQL 查询中，可以自由地将 InnoDB 类型的表和其他 MySQL 的表类型混合起来，甚至在同一个查询中也可以混合。

②InnoDB 表的自动增长列可以手工插入，但是插入的如果是空值或 0，则实际插入表中的是自动增长后的值。可以通过"ALTER TABLE... AUTO_INCREMENT＝n;"语句强制设置自动增长值的起始值，默认从 1 开始，但是该强制的默认值是保存在内存中的，数据库重启后该值将会丢失。可以使用 LAST_INSERT_ID()查询当前线程最后插入记录使用的值。如果一次插入多条记录，那么返回的是第一条记录使用的自动增长值。

③对于 InnoDB 表，自动增长列必须是索引或者是组合索引的第一列，但是对于 MyISAM 表，自动增长列可以是组合索引的其他列，这样插入记录后，自动增长列是按照组合索引到前面几列排序后递增的。

④MySQL 支持外键的存储引擎只有 InnoDB，在创建外键的时候，父表必须有对应的索引，子表在创建外键的时候也会自动创建对应的索引。在创建索引的时候，可以指定在删除、更新父表时，对子表进行相应操作。

（2）MyISAM 存储引擎

MyISAM 存储引擎是 MySQL 中常见的存储引擎，曾是 MySQL 的默认存储引擎，不支持事务、外键约束，但访问速度快，对事务完整性不要求，适合环境以 SELECT/INSERT 为主的表，如果执行大量的查询操作时，MyISAM 是更好的选择。

每个 MyISAM 存储引擎物理上会创建三个文件，文件名与表名相同，扩展名分别是.frm（存储表定义）、.MYD（MYData，存储数据）、.MYI（MYIndex，存储索引）。

MyISAM 类型的表支持三种存储格式，分别是静态（固定长度）表、动态表、压缩表。

①静态表是默认格式，固定长度，速度快，但是占用空间大。记录长度不够时会用空格填充，读取数据时会清除空格，存在吃尾部空格的情况。

②动态表包含变长字段，记录不是固定长度，占用空间少，但是频繁更新和删除会产生碎片，需要定期整理，并且在出现故障时恢复比较困难。

③压缩表由 mysiampack 工具创建，每个记录单独压缩，访问开支小，占用空间小。

（3）MEMORY 存储引擎

MEMORY 存储引擎是 MySQL 中的一类特殊的存储引擎。MEMORY 存储引擎使用存在于内存中的内容来创建表。每个表实际对应一个磁盘文件，格式是.frm。这种类型的表访问速度非常快，因为它的数据是放在内存中的，并且默认使用 HASH 索引，但是一旦服务关闭，表中的数据就会丢失。

MEMORY 类型的存储引擎主要用于那些内容变化不频繁的代码表，或者作为统计操作的中间结果表，便于高效地对中间结果进行分析并得到最终的统计结果。对存储引擎为 MEMORY 的表进行更新操作时要谨慎，因为数据并没有实际写入磁盘中，所以一定要对下次重新启动服务后如何获得这些修改后的数据有所考虑。

3. 存储引擎的选择

在实际工作中，选择一个合适的存储引擎是一个比较复杂的问题。每种存储引擎都有自己的优、缺点，不能笼统地说谁比谁好。所以选择存储引擎时首先需要考虑每一种存储引擎都提供了什么功能。表 3-2 对三种存储引擎功能进行了对比。

表 3-2 　　　　　　　　　　　MySQL 三种存储引擎的功能对比

功能	InnoDB	MyISAM	MEMORY
存储限制	64 TB	256 TB	RAM
支持事务	支持	无	无
空间使用	高	低	低
内存使用	高	低	高
支持数据缓存	支持	无	无
插入数据速度	慢	快	快
支持外键	支持	无	无

如果对事务的完整性要求比较高(比如银行),要求实现并发控制(比如售票),那么选择 InnoDB 有很大的优势。如果需要频繁地进行更新、删除数据库,也可以选择 InnoDB,因为它支持事务的提交(commit)和回滚(rollback)。

如果表主要是用于插入新记录和读出记录,那么选择 MyISAM 能实现高效率处理。如果应用的完整性、并发性要求比较低,也可以选择 MyISAM。

如果需要很快的读写速度,对数据的安全性要求较低,可以选择 MEMOEY。它对表的大小有要求,不能建立太大的表。所以,这类数据库只使用在相对较小的数据库表。

使用哪一种存储引擎应根据需要灵活选择,同一个数据库也可以使用多种存储引擎的表,以满足各种实际需求。

知识点 4　　MySQL 的字符集

从本质上来说,计算机只能识别二进制代码,因此不论是计算机程序还是要处理的数据,最终都必须转换为二进制代码,计算机才能识别。为了使计算机不仅能做科学计算,也能处理文字信息,人们想出给每个文字符号编码以便于计算机识别处理的办法,这就是计算机字符集产生的原因。

1. 字符集概述

字符集是一套文字符号及其编码比较规则的集合。20 世纪 60 年代初期,ANSI 发布了第一个计算机字符集——ASCII,后来进一步变成了国际标准 ISO 646。虽然这个美式的字符集很简单,包括的符号较少,但直至今天依然是计算机界奠基性的标准。自从 ASCII 后,为了处理不同的语言和文字,很多组织和机构先后创建了几百种字符集,如 ISO 8859 系列、GBK 等,这么多的字符集,收录的字符和字符的编码规则各不相同,给计算机软件开发和移植带来了很大困难,所以统一字符集编码成了 20 世纪 80 年代计算机行业的迫切需要和普遍共识。

2. MySQL 支持的字符集

MySQL 服务器可以支持多种字符集,在同一台服务器、同一个数据库甚至同一个表的不同字段都可以使用不同的字符集。可以在 Navicat for MySQL 平台的命令列界面执行"show character set;"命令查看所有可以使用的字符集,如图 3-4 所示。

MySQL 字符集包括字符集和校对规则两个概念。其中字符集用来定义 MySQL 存储字符串的方式,校对规则定义比较字符串的方式。字符集和校对规则是一对多的关系,两个不同的字符集不能有相同的校对规则,每个字符集有一个默认校对规则,例如 gbk 默认校对规则是 gbk_chinese_ci。

MySQL 支持 30 多种字符集的 70 多种校对规则。每个字符集至少对应一个校对规则。可以在 Navicat for MySQL 平台的命令列界面执行“show collation like 'gbk%';”命令查看 gbk 字符集的校对规则,如图 3-5 所示。

```
mysql> show character set;
+----------+-----------------------------+---------------------+--------+
| Charset  | Description                 | Default collation   | Maxlen |
+----------+-----------------------------+---------------------+--------+
| big5     | Big5 Traditional Chinese    | big5_chinese_ci     |      2 |
| dec8     | DEC West European           | dec8_swedish_ci     |      1 |
| cp850    | DOS West European           | cp850_general_ci    |      1 |
| hp8      | HP West European            | hp8_english_ci      |      1 |
| koi8r    | KOI8-R Relcom Russian       | koi8r_general_ci    |      1 |
| latin1   | cp1252 West European        | latin1_swedish_ci   |      1 |
| latin2   | ISO 8859-2 Central European | latin2_general_ci   |      1 |
| swe7     | 7bit Swedish                | swe7_swedish_ci     |      1 |
| ascii    | US ASCII                    | ascii_general_ci    |      1 |
| ujis     | EUC-JP Japanese             | ujis_japanese_ci    |      3 |
| sjis     | Shift-JIS Japanese          | sjis_japanese_ci    |      2 |
| hebrew   | ISO 8859-8 Hebrew           | hebrew_general_ci   |      1 |
| tis620   | TIS620 Thai                 | tis620_thai_ci      |      1 |
| euckr    | EUC-KR Korean               | euckr_korean_ci     |      2 |
| koi8u    | KOI8-U Ukrainian            | koi8u_general_ci    |      1 |
| gb2312   | GB2312 Simplified Chinese   | gb2312_chinese_ci   |      2 |
| greek    | ISO 8859-7 Greek            | greek_general_ci    |      1 |
| cp1250   | Windows Central European    | cp1250_general_ci   |      1 |
| gbk      | GBK Simplified Chinese      | gbk_chinese_ci      |      2 |
| latin5   | ISO 8859-9 Turkish          | latin5_turkish_ci   |      1 |
| armscii8 | ARMSCII-8 Armenian          | armscii8_general_ci |      1 |
| utf8     | UTF-8 Unicode               | utf8_general_ci     |      3 |
```

图 3-4　查看所有可以使用的字符集

```
mysql> show collation like 'gbk%';
+----------------+---------+----+---------+----------+---------+
| Collation      | Charset | Id | Default | Compiled | Sortlen |
+----------------+---------+----+---------+----------+---------+
| gbk_chinese_ci | gbk     | 28 | Yes     | Yes      |       1 |
| gbk_bin        | gbk     | 87 |         | Yes      |       1 |
+----------------+---------+----+---------+----------+---------+
2 rows in set (0.07 sec)
```

图 3-5　查看 gbk 字符集的校对规则

3. MySQL 字符集的选择

对数据库来说,字符集很重要,因为数据库存储的数据大部分都是各种文字,字符集对数据库的存储、处理性能、系统移植以及推广都有很大的影响。MySQL 支持的字符集种类繁多,选择时应该从以下几点考虑:

(1)满足应用支持语言的要求,如果应用要处理的语言种类多,要在不同语言的国家发布,就应该选择 Unicode 字符集,就目前对 MySQL 来说,选择 UTF-8 字符集。

(2)如果应用中涉及已有数据的导入,就要充分考虑数据库字符集对已有数据的兼容性。假如已经有数据是 GBK 文字,如果选择 UTF-8 作为数据库字符集,就会出现汉字无法正确导入或显示的问题。

(3)如果数据库只需要支持一般中文,数据量很大,性能要求很高,就应该选择双字节 GBK。因为相对于 UTF-8 而言,GBK 比较“小”,每个汉字占用 2 个字节,而 UTF-8 汉字编码需要 3 个字节,这样可以减少磁盘 I/O、数据库 Cache 以及网络传输的时间。如果主要处理英文字符,只有少量汉字,那么选择 UTF-8 比较好。

(4)如果数据库需要做大量的字符运算,如比较、排序等,那么选择定长字符集可能更好,因为定长字符集的处理速度要比变长字符集的处理速度快。

(5)考虑客户端所使用的字符集编码格式,如果所有客户端都支持相同的字符集,则应该优先选择字符集作为数据库字符集。这样可以避免因字符集转化带来的性能开销和数据损失。

任务 3.1　创建学生信息管理数据库

任务分析

前面对 SQL 语言和 MySQL 数据库有了一定的了解,如果要使用 MySQL 数据库管理系统管理和维护数据,首先要创建数据库。MySQL 创建数据库有两种方式,分别是使用 Navicat for MySQL 平台和 SQL 语句。其中使用 Navicat for MySQL 平台按照提示来创建数据库,是最简单也是使用最多的方式,非常适合初学者,在任务实施中将详细介绍操作过程。

在 MySQL 中创建数据库的 SQL 语句是 CREATE DATABASE 或 CREATE SCHEMA 命令,语法格式如下:

CREATE {DATABASE|SCHEMA} {IF NOT EXISTS} db_name
[[DEFAULT] CHARACTER SET charset_name]
[[DEFAULT] COLLATE collation_name]

语法说明:

(1)IF NOT EXISTS:判断 db_name 是否存在,如果不存在,则创建数据库。

(2)db_name:数据库名,数据库名必须符合操作系统文件夹命名规则,在 MySQL 中命名不区分大小写。

(3)[DEFAULT] CHARACTER SET charset_name:其中 DEFAULT 表示设置默认的字符集,可省略;CHARACTER SET 表示设置指定字符集;charset_name 表示字符集名。如果省略此项,则采用默认服务器字符集。

(4)[DEFAULT] COLLATE collation_name:其中 DEFAULT 表示设置默认的校验规则;COLLATE 表示设置校验规则;collation_name 表示校验规则名。如果省略此项,则采用默认服务器的校验规则。

例 3-1　创建一个名为 mydb 的数据库。

CREATE DATABASE IF NOT EXISTS mydb;

本任务的功能要求如下:

(1)使用 Navicat for MySQL 平台创建 gradem 数据库。

(2)使用 SQL 语句 CREATE DATABASE 命令创建 example,并设置默认字符集为 utf8。

任务实施

1. 使用 Navicat for MySQL 图形管理工具创建 gradem 数据库

步骤 1　启动 Navicat for MySQL 平台,打开"Navicat for MySQL"窗口,并确保与 MySQL57 服务器建立连接,结果如图 3-6 所示。

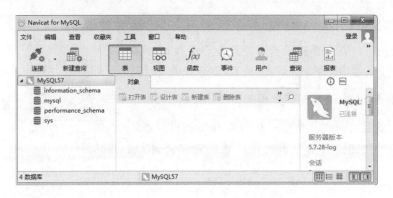

使用 Navicat for MySQL
平台创建数据库

图 3-6　连接成功的 Navicat for MySQL 窗口

　　步骤 2　在连接成功的"Navicat for MySQL"窗口,右击左侧连接窗格中的 MySQL57 服务器名称或任何数据库,在弹出的快捷菜单中选择"新建数据库"命令,如图 3-7 所示。

图 3-7　快捷菜单

　　步骤 3　在弹出的"新建数据库"对话框中输入数据库名"gradem",也可以设置字符集和排序规则(校验规则),如果省略则表示采用默认服务器的字符集和校验规则,如图 3-8 所示。最后单击"确定"按钮完成新建数据库。

　　小提示

　　在"新建数据库"对话框也可以单击"SQL 预览"选项卡查看创建数据库的 SQL 语句格式,如图 3-9 所示。

图 3-8　"新建数据库"对话框

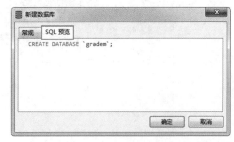

图 3-9　"SQL 预览"选项卡

2. 使用 SQL 语句 CREATE DATABASE 命令创建 example 数据库

创建数据库的 SQL 语句可以在命令提示符下使用命令行执行,也可以在 Navicat for MySQL 平台中使用"命令列界面"或者"新建查询"执行。

微　课

使用 SQL 语句
CREATE DATABASE
命令创建数据库

(1)在命令提示符下执行 SQL 语句创建数据库

步骤1　在 Windows 桌面,选择"开始"→"运行",在"运行"对话框输入"cmd"命令,单击"确定"按钮进入命令提示符。登录到 MySQL 服务器,如图 3-10 所示。

步骤2　输入创建数据库 example 的 SQL 语句,按 Enter 键执行,结果如图 3-11 所示。

图 3-10　登录成功界面　　　　　　　　　　图 3-11　创建数据库成功界面

执行结果中"Query OK,1 row affected(0.07 sec)",表示创建成功,1 行受影响,处理时间为 0.07 秒。

(2)在 Navicat for MySQL 平台执行 SQL 语句创建数据库

步骤1　启动 Navicat for MySQL 平台,打开"Navicat for MySQL"窗口,并确保与 MySQL57 服务器建立连接。

步骤2　在连接成功的"Navicat for MySQL"窗口,右击左侧连接窗格中的 MySQL57 服务器名称或任何数据库,在弹出的快捷菜单中选择"新建查询"命令,在右侧显示"无标题-查询"选项卡,如图 3-12 所示。

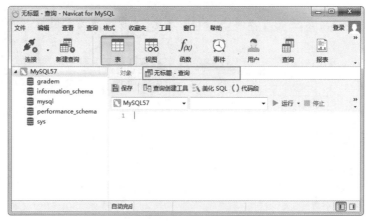

图 3-12　新建查询界面

　　步骤3　在新建查询界面输入创建数据库 example 的 SQL 语句："CREATE DATABASE example DEFAULT character set utf8;"，单击"美化 SQL"按钮，系统自动将关键词大写并分行显示。如图 3-13 所示。

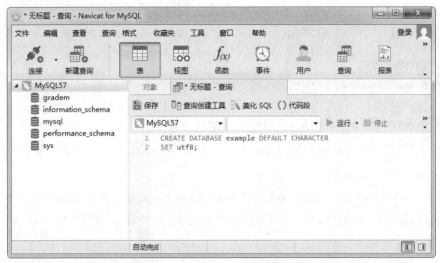

图 3-13　输入创建数据库的 SQL 语句界面

　　步骤4　输入 SQL 语句后，单击"运行"按钮，系统自动创建数据库，并显示语句执行结果，如图 3-14 所示。

图 3-14　创建数据库的 SQL 语句执行结果界面

任务 3.2　打开和查看学生信息管理数据库

任务分析

　　数据库创建后，用户在管理和维护数据库前要打开数据库，打开数据库可以在 Navicat for

MySQL 平台快速打开,也可以使用 SQL 语句 USE 命令打开。另外,创建数据库后可以使用 show create database 命令查看数据库的详细信息。

本任务的功能要求如下:

(1)使用 Navicat for MySQL 平台打开 gradem 数据库。

(2)使用 SQL 语句的 USE 命令打开 example 数据库,并显示数据库的详细信息。

任务实施

1. 使用 Navicat for MySQL 平台打开 gradem 数据库

步骤 1 启动 Navicat for MySQL 平台,打开"Navicat for MySQL"窗口,并确保与 MySQL57 服务器建立连接。

步骤 2 在连接成功的"Navicat for MySQL"窗口,双击要打开的数据库"gradem",此时数据库名称前的图标变为浅绿色,表明数据库已经打开,同时在右侧的窗格中显示 gradem 数据库包含的表。如图 3-15 所示。

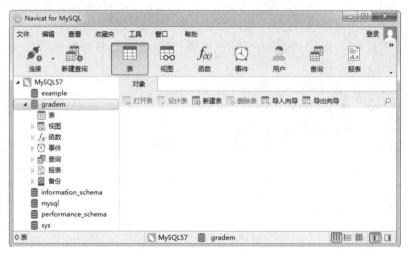

图 3-15 gradem 数据库打开后的结果界面

小提示

在 Navicat for MySQL 平台中,未打开的数据库名称前的图标显示为灰色,已经打开的数据库名称前的图标显示为浅绿色。

2. 使用 SQL 语句的 USE 命令打开 example 数据库,并显示数据库的详细信息

步骤 1 启动 Navicat for MySQL 平台,打开"Navicat for MySQL"窗口,并确保与 MySQL57 服务器建立连接。

步骤 2 在左侧服务器名 MySQL57 上右击,在弹出的快捷菜单中选择"命令列界面",然后在右侧的命令列界面中"mysql>"提示符后输入 SQL 语句"USE example;",按 Enter 键执行,结果显示 Database changed,表示数据库已经打开,如图 3-16 所示。

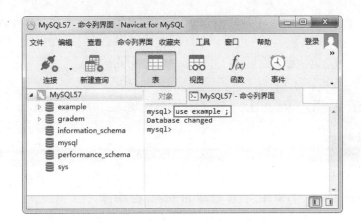

图 3-16　使用 USE 命令打开 example 数据库的结果界面

小提示

打开数据库的 SQL 语句 USE 命令的格式为：

USE db_name;

其中,db_name 为要打开的数据库名称。

步骤 3　在命令列界面"mysql>"提示符后输入命令:"SHOW CREATE DATABASE example;",按 Enter 键执行,在下方显示数据库的详细信息,如图 3-17 所示。

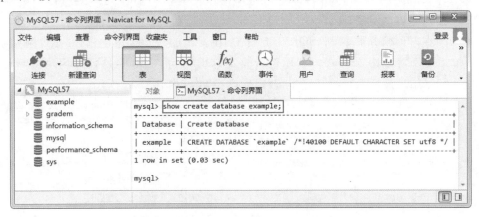

图 3-17　查看 example 数据库的详细信息

任务 3.3　删除 MySQL 数据库

任务分析

随着数据库数据量的增加,系统的资源消耗越来越多,系统运行速度也会减慢,这时就需要将系统中不再需要的数据库删除,以释放被占用的磁盘空间和系统消耗。删除数据库后将删除数据库中的所有表和数据,因此删除数据库要慎重,建议在删除数据库前先将数据库进行备份。

删除数据库可以使用 Navicat for MySQL 平台和 SQL 语句的 DROP DATABASE 命令两种方式。

本任务的功能要求如下：

(1)使用 Navicat for MySQL 平台删除 gradem 数据库。

(2)使用 SQL 语句的 DROP DATABASE 命令删除 example 数据库。

任务实施

1. 使用 Navicat for MySQL 平台删除 gradem 数据库

步骤 1　启动 Navicat for MySQL 平台，打开 Navicat for MySQL 窗口，并确保与 MySQL57 服务器建立连接。

步骤 2　在连接成功的"Navicat for MySQL"窗口，右击要打开的数据库"gradem"，在弹出的快捷菜单中选择"删除数据库"命令，系统弹出"确认删除"提示框，如图 3-18 所示。

步骤 3　在"删除确认"提示框中单击"删除"按钮，系统自动将 gradem 数据库从当前 MySQL 中删除。

2. 使用 SQL 语句的 DROP DATABASE 命令删除 example 数据库

步骤 1　启动 Navicat for MySQL 平台，打开"Navicat for MySQL"窗口，并确保与 MySQL57 服务器建立连接。

步骤 2　在左侧服务器名 MySQL57 上右击，在弹出的快捷菜单中选择"命令列界面"，然后在右侧的命令列界面中"mysql>"提示符后输入 SQL 语句："DROP DATBASE example;"，按 Enter 键执行。结果显示执行成功，表示数据库已经删除，如图 3-19 所示。

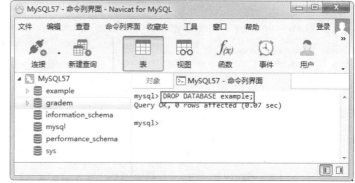

图 3-18　"确认删除"提示框　　　　图 3-19　删除 example 数据库结果界面

小提示

删除数据库的 SQL 语句的格式为：

DROP DATABASE db_name;

其中，db_name 为要删除的数据库名称。

使用 DROP DATABASE 命令删除数据库时不会出现确认信息，所以使用这种方法删除数据库时一定要小心。另外，不能删除系统自带的数据库，否则会导致 MySQL 服务器无法运行。

项目实训 创建与管理图书销售管理数据库

一、实训的目的和要求

1. 具有使用 Navicat 图形化管理工具和 SQL 语句创建数据库的能力。
2. 具有使用 Navicat 图形化管理工具和 SQL 语句打开和查看数据库的能力。
3. 具有使用 Navicat 图形化管理工具和 SQL 语句删除数据库的能力。

二、实训内容

1. 使用 Navicat 图形化管理工具创建图书销售管理数据库 Tsxsgl。
2. 使用 SQL 语句创建数据库 MyDB 和 JxGL。
3. 使用 SHOW DATABASE 命令显示当前的所有数据库。
4. 使用 SHOW CREATE DATABASE 命令显示 MyDB 数据库的详细信息。
5. 使用 Navicat 图形化管理工具删除 MyDB 数据库。
6. 使用 SQL 语句的 DROP DATABASE 命令删除数据库 JxGL。
7. 使用 SHOW DATABASE 命令显示当前所有数据库。

项目总结

本项目主要介绍了 SQL 语言的特点、分类以及 MySQL 存储引擎和字符集。并通过任务详细介绍了 MySQL 数据库的创建、打开、查看以及删除操作。通过本项目的学习,学生具有 MySQL 数据库创建与管理的能力。

 思考与练习

一、单选题

1. 在 MySQL 中,指定一个已存在的数据库作为当前工作数据库的命令是( )。
A. USE   B. SELECT   C. CREATE   D. USING

2. 以下属于正确的中文字符集名称的是( )。
A. GB2312   B. GB2310   C. UTF-8   D. UTF-16i

3. 下列选项中属于创建数据库的语句是( )。
A. CREATE DATABASE   B. ALTER DATABASE
C. DROP DATABASE   D. 以上都不是

4.在创建数据库时,每个数据库都对应存放在一个与数据库同名的(　　)中。

A.文件　　　　　　　　B.文件夹　　　　　　C.路径　　　　　　D.以上都不是

5.显示当前所有数据库的命令是(　　)。

A. SHOW DATABASES;　　　　　　　　B. SHOW DATABASE;

C. LIST DATABASES;　　　　　　　　D. LIST DATABASE;

6.在 MySQL 5.5 以上系统中,默认的存储引擎是(　　)。

A. MyISAM　　　　　B. MEMORY　　　　C. InnoDB　　　　D. ARCHIVE

7.在 SQL 系统中,表结构文件的扩展名是(　　)。

A. .frm　　　　　　B. .myd　　　　　　C. .myi　　　　　　D. .mdf

二、多选题

1.下列(　　)字符集支持 MySQL 中文字符。

A. utf-8　　　　　　B. latin1　　　　　C. gb2312　　　　D. gbk

2.以下(　　)不是 MySQL 常用的存储引擎。

A. MyISAM　　　　　B. InnoDB　　　　　C. OLAP　　　　　D. OLTP

三、简述题

1.简述 SQL 语言的特点和功能分类。

2.简述 MySQL 数据库文件的组成。

3.简述 MySQL 自带系统数据库的作用。

4.简述存储引擎定义以及 MySQL 常用的三种存储引擎。

5.简述数据库创建的方法。

项目 4

学生信息管理数据库的数据表创建与管理

1. 表的基本概念;
2. 表的类型;
3. MySQL 的数据类型;
4. MySQL 的函数;
5. 数据完整性和约束;
6. 学生管理数据表的创建与管理。

【知识目标】
1. 掌握表的基本概念;
2. 了解表的类型;
3. 掌握 MySQL 的数据类型;
4. 掌握 MySQL 的函数;
5. 掌握数据完整性和约束。

【技能目标】
1. 具备数据表创建的能力;
2. 具备数据表管理的能力。

1. 具有严谨求实的工作作风;
2. 具有依法办事的法制观念。

项目概述

数据库是用来保存数据的,在 MySQL 数据库管理系统中,数据是存储在表中的,表是关系型数据库中存储和管理数据的基本对象。表的操作包括设计表和操作表中的记录,其中设计表是指规划出能够合理、规范地存储数据的表;对表中记录的操作包括向表中添加数据、修改已有数据、删除不需要的数据和查询用户需要的数据等。

通过本项目的学习,学生将在掌握表的基本概念、表的类型、MySQL 的数据类型和函数、数据的完整性和约束的基础上,具备数据表的创建与管理的能力。

知识储备

知识点1   表的基本概念

关系型数据库中的每一个关系就是一张二维表,表是关系型数据库中存储和管理数据的基本对象。表是数据库的基本单位。本书采用的学生信息管理数据库中存放了七个表,分别是系部表、教师表、班级表、学生表、课程表、选课表和授课表。表是由字段、记录、字段值、主关键字(主键)、外部关键字(外键)等元素构成的。

1. 字段

字段是表中的行,每一列都有一个唯一的名字,称为字段名。例如教师表中的教师号、姓名、性别、工作日期等。

2. 记录

记录是指表中的列,它由若干个字段组成,用来描述现实世界中的某一个实体,表中不允许出现完全相同的记录。

3. 字段值

字段值是指表中行与列交叉处的数据。

4. 主键

主键是表中的一个或多个字段的组合,能唯一标识表中的一条记录。如教师号就是教师表的主键。主键的值不能为空,不能重复。

5. 外键

外键涉及两个表,用来建立两个表之间的关系。如系部表和教师表,系部表中的系号为主键,教师表中的系号为外键,系部表称为主表,教师表称为子表,外键的取值要么为空,要么参照主表中主键的值。

知识点2   表的类型

MySQL 提供了多种表类型,主要有 MyISAM, ISAM, HEAP, BerkeleyDB, InnoDB,

MERGE 和 Gemeni 七种。每一种表类型都有其自己的属性和优点。

微　课

表的类型

1. MyISAM 表类型

MyISAM 表（TYPE＝MyISAM）是 ISAM 类型的一种延伸，具有很多优化和增强的特性，它是 MySQL 的默认表类型。MyISAM 优化了压缩比例和速度，并且可以很方便地在不同的操作系统和平台之间进行移植。MyISAM 表可以是固定长度，也可以是可变长度。MyISAM 支持大表文件（大于 4 GB），允许对 BLOB 和 TEXT 列进行索引，支持使用键前缀和使用完整的键搜索记录表数据和表索引文件，可以存放在不同的位置，甚至是不同的文件系统中。即使是具有相当多的插入、更新和删除操作的表，智能防碎片逻辑也能保证其高性能的协作性。

2. ISAM 表类型

ISAM 表（TYPE＝ISAM）和 MyISAM 表相似，但是其没有 MyISAM 格式的很多增强性能，因而不能像 MyISAM 类型那样提供很好的优化和执行效率。ISAM 索引不能被压缩。和 MyISAM 表一样，ISAM 表可以是固定长度的，也可以是可变长度的，但是其格式的最大键长度比较小，ISAM 格式处理的表不能大于 4 GB，而且表不能在不同的平台间移植。

3. HEAP 表类型

HEAP 表（TYPE＝HEAP）是内存中的表，它使用较快的散列索引（当运行 INSERT 查询时，独立评价指出 HEAP 表至少比 MyISAM 表快 30%），因此，它对于临时表可以优化。存储在临时表里面的数据只在 MySQL 服务器的生命期内存在，如果 MySQL 服务器崩溃或者被关掉，都会使其中的数据消失不见。虽然 HEAP 表具有性能方面的优点，但是由于它的临时性和一些其他功能限制，在实际中不常使用。HEAP 表不支持 BLOB 或 TEXT 列，不能超过 max_heap_table_size 变量指定的大小。

4. BerkeleyDB 表类型

BerkeleyDB 表（TYPE＝BDB）是为了满足 MySQL 开发者对事务安全日益增长的需求而发展起来的。它提供 MySQL 用户期待已久的功能——事务控制。事务控制在任何数据库系统中都是一个极有价值的功能，因为它们确保一组命令能成功地被执行或回滚。不过 BerkeleyDB 表也有一些限制：它的移动比较困难（在创建时，表路径硬编码在表文件中），不能压缩表索引，而且其表通常比 MyISAM 相应的表要大。现在 InnoDB 格式在很大程度上可以取代 BerkeleyDB 格式。

5. InnoDB 表类型

InnoDB 表（TYPE＝InnoDB）是一个完全兼容 ACID（事务的原子性、一致性、独立性及持久性）的、高效率的表。完全支持 MySQL 的事务处理，并且具有精细的（行级和表级）锁，同时其也支持无锁定读操作（以前只在 Oracle 中包含）和多版本的特性。对外键、提交、回滚和前滚的操作的支持，使其成为 MySQL 中最完善的表格式。

6. MERGE 表类型

MERGE 表（TYPE＝MERGE）是通过把多个 MyISAM 表组合到一个单独的表来创建的一种虚拟表。只有具有完全相同的表结构的多个表才能进行组合。字段类型等有任何不同都不能成功地进行结合。

7. Gemeni 表类型

Gemeni 表是在 MySQL 4.0 之后推出的，目前应用较少。

知识点 3　MySQL 的数据类型

MySQL 支持所有标准的 SQL 中的数据类型，包括数值类型（整数数值类型、近似数值类型）、字符串类型、日期时间类型、复合类型。常用数据类型的具体描述见表 4-1。

表 4-1　数据类型

类别	数据类型	字节数	取值范围		描述
			有符号	无符号	
整数数值类型	bigint	8 字节	$-2^{63} \sim 2^{63}-1$	$0 \sim 2^{64}-1$	存储非常大的整数
	int	4 字节	$-2^{31} \sim 2^{31}-1$	$0 \sim 2^{32}-1$	存储大整数
	mediumint	3 字节	$-2^{23} \sim 2^{23}-1$	$0 \sim 2^{24}-1$	存储大整数
	smallint	2 字节	$-2^{15} \sim 2^{15}-1$	$0 \sim 65\,535$	存储大整数
	tinyint	1 字节	$-128 \sim 127$	$0 \sim 255$	存储小整数
近似数值类型	float	4 字节	$-3.4E+38 \sim 3.4E+38$		可以精确到 15 位小数
	double	8 字节	$-1.797\,693\,134\,862\,315\,7E+308 \sim$ $1.797\,693\,134\,862\,315\,7E+308$		双精度浮点型数值
	real	4 字节	$-3.4E+38 \sim 3.4E+38$		可以精确到 7 位小数
	decimal(p,s)				p 为精度，最大为 38 s 为小数位数，默认为 0
	numeric(p,s)				p 是数字总位数，s 为小数位数，默认为 0，最大精度为 38
字符串类型	char(n)	0 ~ 255 字节			固定长度，最多为 255 个字符
	varchar(n)	0 ~ 65 535 字节			可变长度，最多为 65 535 个字符
	tinytext	0 ~ 255 字节			短文本字符串
	blob	0 ~ 65 535 字节			二进制形式的长文本，不用指定字符集
	text	0 ~ 65 535 字节			长文本数据，不能有默认值，可以指定字符集，以文本方式存储，英文存储区分大小写
	mediumblob	0 ~ 16 777 215 字节			二进制形式的中等长度文本数据
	mediumtext	0 ~ 16 777 215 字节			中等长度文本数据
	longblob	0 ~ 4 294 967 295 字节			二进制形式的极大文本数据
	longtext	0 ~ 4 294 967 295 字节			极大文本数据
	binary	允许长度为 0~m 个字节的定长字节字符串			没有字符集
	varbinary	允许长度为 0~m 个字节的定长字节字符串			没有字符集

续表

类别	数据类型	字节数	取值范围		描述
			有符号	无符号	
日期时间类型	datetime	8 字节	1000-01-01 00:00:00～9999-12-31 23:59:59		混合日期和时间
	time	3 字节	－838:59:59～838:59:59		只存时间,不存日期
	date	4 字节	1000-01-01～9999-12-31		只存日期,不存时间
	year	1 字节	1901～2155		年份值
	timestamp	4 字节	1970-01-01 00:00:00～2037 年某时		时间戳,自动存储记录被修改的时间
复合类型	enum	单选字符串类型,从一个集合中取得一个值,适合存储表单界面中的"单选值",设定格式:enum("选项 1","选项 2",...),每一个选项对应一个数字,依次是 1,2,3,4,5……最多是65 535 个			
	set	多选字符串类型,适合存储表单界面中的"多选值",设定格式:set("选项 1","选项 2",...),每一个选项对应一个数字,依次是 1,2,4,8,16……最多有 64 个选项,使用时可以使用选项的字符串本身,也可以使用选项的数字之和			

选取数据类型的原则:

(1)大小合适,过大会浪费存储空间。

(2)选取简单的数据类型。

(3)选取数据类型时也要考虑数据操作和处理的要求。

知识点 4　MySQL 的函数

MySQL 数据库内置了一些常用的函数,这些函数使用用户能够很容易地对表中的数据进行操作。MySQL 包含 100 多个内置函数,从数学函数到日期操作函数。

1. 数学函数

数学函数主要用于一些比较复杂的数学运算,常用的数学函数见表 4-2。

表 4-2　　　　　　　　　　　　　　　数学函数

函数	说明
ABS(n)	返回 n 的绝对值
SQRT(n)	返回 n 的平方根
SQUARE(x)	返回指定浮点值 x 的平方
ROUND(x,n)	将 x 四舍五入为指定的精度 n
TRUNCATE(x,y)	返回数字 x 截断为 y 位小数后的值
SIGN(x)	根据 x 是正、负或零,返回 1,－1 或 0
POW(x,y)	幂运算,返回表达式 x 的 y 次方
FLOOR(x)	返回小于或等于 x 的最大整数
CEILING(x)	返回大于或等于 x 的最小整数

函数	说明
PI()	返回以浮点数表示的圆周率
LOG()	计算以 e 为底的自然对数,e 的值约为 2.718 281 828 182 8
EXP(x)	指数运算,返回以 e 为底的 x 方的值
RAND()	返回以随机数算法算出的一个 0 到 1 的小数
GREATEST(x1,x2,…,xn)	返回集合中最大的值
LEAST(x1,x2,…,xn)	返回集合中最小的值
SIN()	计算一个角的正弦值,以弧度表示
COS()	计算一个角的余弦值,以弧度表示
TAN()	计算一个角的正切值,以弧度表示
ASIN()	计算一个角的反正弦值,以弧度表示
ACOS()	计算一个角的反余弦值,以弧度表示
ATAN()	计算一个角的反正切值,以弧度表示
MOD(x,y)	返回 x 模 y 的值

例 4-1 ROUND()函数和 TRUNCATE()函数的使用。

(1)ROUND()函数用于获得一个数的四舍五入的整数值,结果如图 4-1 所示。

图 4-1　ROUND()函数的运行结果

(2)TRUNCATE()函数用来把一个数字截断为指定小数个数的数字,结果如图 4-2 所示。

图 4-2　TRUNCATE()函数的运行结果

例 4-2 FLOOR()函数和 CEILING()函数的使用。

(1)FLOOR()函数用于获得小于或等于一个数的最大整数值,结果如图 4-3 所示。

图 4-3　FLOOR()函数的运行结果

（2）CEILING()函数用于获得大于或等于一个数的最小整数值,结果如图 4-4 所示。

```
mysql> select CEILING(5.123),CEILING(25.9);
+----------------+---------------+
| CEILING(5.123) | CEILING(25.9) |
+----------------+---------------+
|              6 |            26 |
+----------------+---------------+
1 row in set (0.01 sec)
```

图 4-4　CEILING()函数的运行结果

例 4-3 SIGN()函数的使用,结果如图 4-5 所示。

```
mysql> select SIGN(2),SIGN(-2),SIGN(0);
+---------+----------+---------+
| SIGN(2) | SIGN(-2) | SIGN(0) |
+---------+----------+---------+
|       1 |       -1 |       0 |
+---------+----------+---------+
1 row in set (0.04 sec)
```

图 4-5　SIGN()函数的运行结果

例 4-4 MOD()函数的使用,结果如图 4-6 所示。

```
mysql> select MOD(3,5);
+----------+
| MOD(3,5) |
+----------+
|        3 |
+----------+
1 row in set (0.01 sec)
mysql> select MOD(5,3);
+----------+
| MOD(5,3) |
+----------+
|        2 |
+----------+
1 row in set (0.00 sec)
```

图 4-6　MOD()函数的运行结果

2. 字符串函数

(1)ASCII()函数

ASCII(s)函数返回字符表达式最左端字符的 ASCII 码值。在 ASCII()函数中,纯数字的字符串可不用单引号引起来,但含其他字符的字符串必须用单引号引起来使用,否则会出错。

例 4-5 返回字母 A 的 ASCII 码值,结果如图 4-7 所示。

```
mysql> select ASCII('A');
+------------+
| ASCII('A') |
+------------+
|         65 |
+------------+
1 row in set (0.01 sec)
```

图 4-7　ASCII()函数的运行结果

(2)CHAR()函数

CHAR(n1,n2,n3,...)函数将 ASCII 码转换为字符,结果组合成一个字符串。参数为 0～255 的整数,如果没有输入 0～255 的 ASCII 码值,CHAR(n)返回 NULL。

例 4-6 返回 ASCII 码值为 65,66,67 的字符,组成一个字符串,结果如图 4-8 所示。

```
mysql> select CHAR(65,66,67);
+----------------+
| CHAR(65,66,67) |
+----------------+
| ABC            |
+----------------+
1 row in set (0.02 sec)
```

图 4-8　CHAR()函数的运行结果

（3）LOWER()函数和 UPPER()函数

LOWER(s)函数将字符串全部转为小写；UPPER(s)函数将字符串全部转为大写。

例 4-7 将字符串"ABC"全部转换为小写,字符串"abc"全部转换为大写,结果如图 4-9 所示。

```
mysql> select LOWER('ABC'),UPPER('abc');
+--------------+--------------+
| LOWER('ABC') | UPPER('abc') |
+--------------+--------------+
| abc          | ABC          |
+--------------+--------------+
1 row in set (0.02 sec)
```

图 4-9　LOWER()函数和 UPPER()函数的运行结果

（4）取子串函数

①LEFT(s,n),返回 s 左起 n 个字符。

②RIGHT(s,n),返回 s 右起 n 个字符。

③SUBSTRING(s,n,length),返回从字符串 s 左边第 n 个字符起 length 个字符的部分。

例 4-8 分别返回字符串"hello world"左端 5 个字符、右端 4 个字符、第 7 个位置开始的 4 个字符,结果如图 4-10 所示。

```
mysql> select LEFT('hello world',5),RIGHT('hello world',4),SUBSTRING('hello world',7,4);
+-----------------------+------------------------+------------------------------+
| LEFT('hello world',5) | RIGHT('hello world',4) | SUBSTRING('hello world',7,4) |
+-----------------------+------------------------+------------------------------+
| hello                 | orld                   | world                        |
+-----------------------+------------------------+------------------------------+
1 row in set (0.00 sec)
```

图 4-10　LEFT()函数、RIGHT()函数、SUBSTRING()函数的运行结果

（5）LENGTH()函数

LENGTH(s)函数,用于返回一个代表字符串长度的整型值。比如:LENGTH("hello"),返回值为 5。

（6）去空格函数

LTRIM(s)函数把字符串头部的空格去掉,RTRIM(s)函数把字符串尾部的空格去掉,TRIM(s)函数删除字符串首部和尾部的所有空格。

（7）RPAD()函数和 LPAD()函数

RPAD(s1,len,s2)函数是用字符串 s2 来填充 s1 的开始处,使字符串 s1 的长度达到 len。LPAD(s1,len,s2)函数是用字符串 s2 来填充 s1 的结尾处,使字符串 s1 的长度达到 len。

例 4-9 　执行语句 select LPAD(′中国梦′,10,′!′),RPAD(′中国梦′,10,′!′);,结果
如图 4-11 所示。

```
mysql> select LPAD('中国梦',10,'!'),RPAD('中国梦',10,'!');
+---------------------+---------------------+
| LPAD('中国梦',10,'!') | RPAD('中国梦',10,'!') |
+---------------------+---------------------+
| !!!!!!!中国梦          | 中国梦!!!!!!!         |
+---------------------+---------------------+
1 row in set (0.00 sec)
```

图 4-11　RPAD()函数和 LPAD()函数的运行结果

(8)REPLACE()函数

REPLACE(s1,s2,s3)函数,用字符串 s3 替换字符串 s1 中的所有子串 s2。

例 4-10 　执行语句 select REPLACE(′HELLO WORLD′,′O′,′K′);,结果如
图 4-12 所示。

```
mysql> select REPLACE('HELLO WORLD','O','K');
+-------------------------------+
| REPLACE('HELLO WORLD','O','K') |
+-------------------------------+
| HELLK WKRLD                   |
+-------------------------------+
1 row in set (0.00 sec)
```

图 4-12　REPLACE()函数的运行结果

(9)SPACE()函数

SPACE(n)函数返回一个有指定长度的 n 个空格字符串。如果 n 为负值,则返回 NULL。

(10)STRCMP()函数

STRCMP(s1,s2)函数用于比较两个字符串的大小,相等则返回值为 0,s1 大于 s2 则返回 1,
s1 小于 s2 则返回-1。

例 4-11 　执行语句 select STRCMP(′abc′,′dpq′);,结果如图 4-13 所示。

```
mysql> select STRCMP('abc', 'dpq');
+----------------------+
| STRCMP('abc', 'dpq') |
+----------------------+
|                   -1 |
+----------------------+
1 row in set (0.00 sec)
```

图 4-13　STRCMP()函数的运行结果

(11)CONCAT()函数和 REVERSE()函数

CONCAT(s1,s2,...)函数用于将指定的几个字符串连接起来。

REVERSE(str)函数返回将字符串 str 颠倒后的结果。

3. 日期和时间函数

MySQL 有很多的日期和时间函数,下面介绍几个比较常用的函数。

(1)NOW()函数、CURTIME()函数和 CURDATE()函数

使用 NOW()函数可以获得当前的日期和时间,它以 YYYY-MM-DD HH:MM:SS 的格
式返回当前系统的日期和时间。

CURTIME()函数用来获得当前的时间,CURDATE()函数用来获得当前的日期。

（2）YEAR（）函数

使用 YEAR（）函数返回日期中的年。

（3）MONTH（）函数和 MONTHNAME（）函数

MONTH（）函数和 MONTHNAME（）函数分别以数值和字符串的格式返回月的部分。

例 4-12   执行语句 MONTH（'2020-3-20'），MONTHNAME（'2020-3-20'）;，结果如图 4-14 所示。

```
mysql> select MONTH('2020-3-20'),MONTHNAME('2020-3-20');
+-------------------+------------------------+
| MONTH('2020-3-20') | MONTHNAME('2020-3-20') |
+-------------------+------------------------+
|                 3 | March                  |
+-------------------+------------------------+
1 row in set (0.04 sec)
```

图 4-14   MONTH（）函数、MONTHNAME（）函数的运行结果

（4）DAYOFYEAR（）函数、DAYOFWEEK（）函数和 DAYOFMONTH（）函数

DAYOFYEAR（）函数、DAYOFWEEK（）函数和 DAYOFMONTH（）函数分别返回这一天在一年、一个星期及一个月中的序号。

例 4-13   执行语句 DAYOFYEAR（'2020-03-20'），DAYOFWEEK（'2020-03-20'），DAYOFMONTH（'2020-03-20'）;，结果如图 4-15 所示。

```
mysql> select DAYOFYEAR('2020-03-20'),DAYOFWEEK('2020-03-20'),DAYOFMONTH('2020-03-20');
+------------------------+------------------------+-------------------------+
| DAYOFYEAR('2020-03-20') | DAYOFWEEK('2020-03-20') | DAYOFMONTH('2020-03-20') |
+------------------------+------------------------+-------------------------+
|                     80 |                      6 |                      20 |
+------------------------+------------------------+-------------------------+
1 row in set (0.02 sec)
```

图 4-15   DAYOFYEAR（）函数、DAYOFWEEK（）函数和 DAYOFMONTH（）函数的运行结果

（5）DAYNAME（）函数

DAYNAME（）函数以字符串形式返回星期名。

（6）WEEK（）和 YEARWEEK（）函数

WEEK（）函数返回指定的日期是一年的第几个星期，YEARWEEK（）函数返回指定的日期是哪一年的哪一个星期。

例 4-14   执行语句 select WEEK（'2020-03-20'），YEARWEEK（'2020-03-20'）;，结果如图 4-16 所示。

```
mysql> select WEEK('2020-03-20'),YEARWEEK('2020-03-20');
+-------------------+------------------------+
| WEEK('2020-03-20') | YEARWEEK('2020-03-20') |
+-------------------+------------------------+
|                11 |                 202011 |
+-------------------+------------------------+
1 row in set (0.02 sec)
```

图 4-16   WEEK（）函数和 YEARWEEK（）函数的运行结果

（7）HOUR（）函数、MINUTE（）函数和 SECOND（）函数

HOUR（）函数、MINUTE（）函数和 SECOND（）函数分别返回时间值的小时、分钟和秒。

（8）DATE_ADD（）函数和 DATE_SUB（）函数

DATE_ADD（）函数用于向后推时间即时间加，DATE_SUB（）函数用于向前推时间即时间减。语法格式如下：

DATE_ADD(date,INTERVAL int keyword)；

DATE_SUB(date,INTERVAL int keyword)；

date 是日期时间数据，INTERVAL 是关键字，表示一个时间间隔，int 是一个需要计算的时间值，keyword 表示间隔值关键字。常用的时间间隔值关键字见表 4-3。

表 4-3　　　　　　　　　　　　　　　　　时间间隔值关键字

关键字	间隔值的格式	关键字	间隔值的格式
DAY	日期	MINUTE	分钟
DAY_HOUR	日期：小时	MINUTE_SECOND	分钟：秒
DAY_MINUTE	日期：小时：分钟	MONTH	月
DAY_SECOND	日期：小时：分钟：秒	SECOND	秒
HOUR	小时	YEAR	年
HOUR_MINUTE	小时：分钟	YEAR_MONTH	年－月
HOUR_ SECOND	小时：分钟：秒		

例 4-15 语句 select DATE_ADD（'2020-3-20'，INTERVAL 10 DAY ）；的执行结果如图 4-17 所示。

```
mysql> select DATE_ADD('2020-3-20', INTERVAL 10 DAY);
+----------------------------------------+
| DATE_ADD('2020-3-20', INTERVAL 10 DAY) |
+----------------------------------------+
| 2020-03-30                             |
+----------------------------------------+
1 row in set (0.05 sec)
```

图 4-17　DATE_ADD（）函数的运行结果

例 4-16 语句 select DATE_SUB （'2020-3-20'，INTERVAL 10 DAY ）；的执行结果如图 4-18 所示。

```
mysql> select DATE_SUB('2020-3-20', INTERVAL 10 DAY);
+----------------------------------------+
| DATE_SUB('2020-3-20', INTERVAL 10 DAY) |
+----------------------------------------+
| 2020-03-10                             |
+----------------------------------------+
1 row in set (0.00 sec)
```

图 4-18　DATE_SUB（）函数的运行结果

（9）DATEDIFF（）函数

DATEDIFF(date1,date2)函数用来计算两个日期时间相隔的天数即 date1 减去 date2 的天数。

例 4-17   语句 select DATEDIFF('2020-7-20','2020-3-20') 的执行结果如图 4-19 所示。

```
mysql> select DATEDIFF('2020-7-20', '2020-3-20');
+-----------------------------------+
| DATEDIFF('2020-7-20', '2020-3-20') |
+-----------------------------------+
|                               122 |
+-----------------------------------+
1 row in set (0.00 sec)
```

图 4-19   DATEDIFF() 函数的运行结果

（10）DAYOFWEEK() 函数、DAYOFMONTH() 函数、DAYOFYEAR() 函数和 WEEKOFYEAR() 函数

DAYOFWEEK(d) 函数返回 d 是星期几，返回值为 1～7 数值，1 代表星期日，7 代表星期六；DAYOFMONTH(d) 函数返回 d 是这个月的第几天；DAYOFYEAR(d) 函数返回 d 是本年的第几天。WEEKOFYEAR(d) 函数返回 d 是本年的第几周，范围为 1～54。

4. 信息系统函数

信息系统函数是用来获得信息系统本身的一些信息的，常用的信息系统函数见表 4-4。

表 4-4   常用信息系统函数

函数	说明
DATABASE(),SCHEMA()	返回当前数据库名
BENCHMARK(n,expr)	将表达式 expr 重复运行 n 次
CHARSET(str)	返回字符串 str 的字符集
CONNECTION_ID()	返回服务器的连接数
FOUND_ROWS()	返回最后一个 SELECT 查询得到的记录行数
LAST_INSERT_ID()	返回最后一个 AUTOINCREMENT 的值
USER() 或 SYSTEM_USER()	返回当前登录用户名
VERSION()	返回 MySQL 服务器的版本号

5. 加密函数

加密函数是 MySQL 用来对数据进行加密的，以保护数据的安全。下面介绍几个加密函数。

（1）PASSWORD() 函数和 MD5() 函数

PASSWORD(str) 函数返回字符串 str 加密后的密码字符串，采用的是 MySQL 的 SHA1 加密方式，生成的是 41 位的密码串，其中 * 不加入实际的密码运算，常用于对用户的密码进行加密。

例 4-18   语句 select PASSWORD('123456'); 的执行结果如图 4-20 所示。

```
mysql> select  PASSWORD('123456');
+-------------------------------------------+
| PASSWORD('123456')                        |
+-------------------------------------------+
| *6BB4837EB74329105EE4568DDA7DC67ED2CA2AD9 |
+-------------------------------------------+
1 row in set, 1 warning (0.00 sec)
```

图 4-20   PASSWORD() 函数的运行结果

MD5(str)函数可以对字符串 str 进行散列加密，计算字符串 str 的 MD5 校验和，常用于一些不需要解密的数据。

(2)ENCODE()函数和 DECODE()函数

ENCODE()函数和 DECODE()函数是一对加解密函数。ENCODE(str,key)函数用来对一个字符串 str 进行加密，返回的结果是一个二进制字符串，以 BLOB 类型存储，使用 ENCODE(str,key)加密函数进行加密，加密后生成解密字符串密钥，然后使用 DECODE(crystr,key)函数和密钥进行解密。

例 4-19 语句 select ENCODE('123456','key')；的执行结果如图 4-21 所示。

```
mysql> select ENCODE('123456', 'key') ;
+-------------------------+
| ENCODE('123456', 'key') |
+-------------------------+
| imLçl¦                  |
+-------------------------+
1 row in set, 1 warning (0.02 sec)
```

图 4-21　ENCODE()函数的运行结果

例 4-20 语句 select DECODE(ENCODE('123456','key'),'key')；的执行结果如图 4-22 所示。

```
mysql> select DECODE( ENCODE('123456', 'key'),'key') ;
+----------------------------------------+
| DECODE( ENCODE('123456', 'key'),'key') |
+----------------------------------------+
| 123456                                 |
+----------------------------------------+
1 row in set, 2 warnings (0.00 sec)
```

图 4-22　DECODE()函数的运行结果

6. 聚合函数

MySQL 有一组函数是特意为求和或者对表中的数据进行统计而设计的，这一组函数就叫作聚合函数。聚合函数对一组值执行计算并返回单一的值。通过把聚合函数添加到带有一个 GROUP BY 子句的 SELECT 语句块中，数据就可以聚合。常用的聚合函数如下：

(1)AVG()函数

AVG(x)函数返回一组数值中所有非空数值的平均值。

(2)COUNT()函数

COUNT(x)函数用于返回一个列内所有非空值的个数，这是一个整型值。

(3)MIN()函数与 MAX()函数

MIN(x)函数用于返回一个列范围内的最小非空值；MAX(x)函数用于返回最大值。这两个函数可以用于大多数的数据类型，返回的值根据对不同数据类型的排序规则而定。

(4)SUM()函数

SUM(x)函数返回一个列范围内所有非空值的总和，与 AVG()函数一样，它用于数值数据类型。

7. 格式化函数

(1)格式化日期函数 DATE_FORMAT()

格式化日期函数 DATE_FORMAT(date,fmt)是根据 fmt 日期格式对 date 日期进行格式化。fmt 格式化字符串见表 4-5。

表 4-5　　　　　　　　　　　　　　　格式化字符串

关键字	间隔值的格式	关键字	间隔值的格式
%a	缩写的星期名(Sun,Mon,…)	%p	AM 或 PM
%b	缩写的月份名(Jan,Feb,…)	%r	时间,12 小时的格式
%d	月份中的天数	%S	秒(00,01)
%H	小时(01,02,…)	%T	时间,24 小时的格式
%I	分钟(00,01,…)	%w	一周中的天数(0,1)
%j	一年中的天数(001,002,…)	%W	长型星期的名字(Sunday,Monday,…)
%m	月份,2 位(00,01,…)	%Y	年份,4 位

(2)格式化时间函数 TIME_FORMAT()

格式化时间函数 TIME_FORMAT(time,fmt)是根据 fmt 日期格式对 time 时间进行格式化。fmt 格式化字符串见表 4-5。

(3)格式化浮点数函数 FORMAT()

FORMAT(x, y)函数把数值格式化为以逗号间隔的数字序列。FORMAT(x, y)的第一个参数 x 是被格式化的数据,第二个参数 y 是结果的小数位数。

8.控制流函数

MySQL 有几个函数是用来进行条件操作的,常用函数如下:

(1)IFNULL()函数和 NULLIF()函数

IFNULL(expr1,expr2)函数的作用是判断参数 expr1 是否为 NULL,当参数 expr1 为 NULL 时返回 expr2,不为 NULL 时返回 expr1。IFNULL 的返回值是数字或字符串。

例 4-21　语句 select IFNULL(1,2), IFNULL(NULL, 'mysql');的执行结果如图 4-23 所示。

图 4-23　IFNULL()函数的运行结果

NULLIF(expr1,expr2)函数用于检验提供的两个参数是否相等,如果相等,则返回 NULL,如果不相等就返回第一个参数。

例 4-22　语句 select NULLIF (1,2), NULLIF (1,1);的执行结果如图 4-24 所示。

图 4-24　NULLIF()函数的运行结果

（2）IF（）函数

MySQL 的 IF（）函数也可以建立一个简单的条件测试。

语法格式：

IF(expr1,expr2,expr3)

这个函数有三个参数,第一个是要被判断的表达式,如果表达式为真,IF()函数将会返回第二个参数的值;如果表达式为假,IF()函数将会返回第三个参数的值。

例 4-23 语句 select IF(2+4>9-5,'是','否');的执行结果如图 4-25 所示。

```
mysql> select IF(2+4>9-5, '是', '否');
| IF(2+4>9-5, '是', '否') |
| 是 |
1 row in set (0:00 sec)
```

图 4-25　IF( )函数的运行结果

知识点 5　　数据完整性和约束

1. 数据完整性

数据完整性是存储在数据库中的数据的一致性和准确性。数据完整性分为实体完整性、参照完整性和用户自定义完整性。

数据完整性和约束

（1）实体完整性

实体完整性是约束一个表中不能出现重复记录。限制重复记录的出现是通过在表中设置"主键"来实现的。"主键"字段不能输入重复值和空值,所谓"空值",就是"不知道"或"无意义"的值。如果主键取空值,就说明是某个不可标识的实体,这与现实世界的应用环境相矛盾,因此这个实体一定不是完整的实体。

（2）参照完整性

参照完整性又称作引用完整性,用于确保相关联的表间的数据的一致。当添加、删除和修改关系型数据库表中的记录时,可以借助参照完整性来保证相关联的表之间的数据一致性。例如当向"选课表"中添加某名学生的成绩信息时,必须保证所添加的学生是在学生表中存在的,否则是不允许进行添加的。

（3）用户自定义完整性

用户自定义完整性用于保证给定字段的数据的有效性,即保证数据的取值在有效的范围内。例如,限制成绩字段的取值是在 0 到 100 之间的。

2. 约束

为了保证数据的完整性,防止数据库中存在不符合语义规定的数据,防止因错误信息的输入、输出而造成无效的操作或错误信息。约束用来对表中的值进行限制,通常在创建表时应同时创建各种约束。常见的约束有主键约束、外键约束、核查约束、默认值约束、唯一约束。

（1）主键约束（Primary Key）

主键约束是为了保证实体完整性的。用于唯一地标识表中的每一行。主键字段不能出现重复值,不允许空值。一个表中只能有一个主键,主键可以是一个字段,也可以是字段的组合。

（2）外键约束（Foreign Key）

外键约束是为了保证参照完整性的。用于建立一个或多个表的字段之间的引用联系。创建时,首先在被引用表上创建主键或唯一约束,然后在引用表的字段上创建外键约束。外键必须是另一个表的主键,在当前表上才能称为外键。

（3）核查约束（Check）

核查约束是为了保证域完整性的。Check 约束为所属字段值设置一个逻辑表达式来限定有效取值范围。Check 约束只在添加和更新记录时有效,删除时无效。一列上只能定义一个 Check 约束。

（4）默认值约束（Default）

默认值约束是指在用户输入数据时,如果该列没有指定数据值,那么系统将默认值赋给该列。

（5）唯一约束（Unique）

唯一约束要求该列唯一,允许为空,但只能出现一个空值。唯一约束与主键类似,也具有唯一性,为表中的一列或多列提供实体完整性,一个表可以定义多个唯一约束。

任务 4.1　创建学生信息管理数据库的数据表

任务分析

学生信息管理数据库中有七个数据表,需要在已创建的学生信息管理数据库"gradem"中创建这七个数据表。创建数据表可以使用 Navicat for MySQL 平台进行交互式创建,也可以使用 SQL 语言的 CREATE TABLE 语句创建。

微　课

创建学生信息管理
数据库的数据表

1. 创建表的 SQL 语句基本格式

CREATE TABLE 表名
（列名 1 数据类型 列的特征,
列名 2 数据类型 列的特征,
…
列名 n 数据类型 列的特征）ENGINE＝MyISAM/InnoDB

说明:

（1）列的特征包括是否为空,是否主键、外键、默认值等各种约束。

（2）若无 ENGINE＝MyISAM/InnoDB,则默认为 MyISAM 表类型。

（3）要在两个表之间建立一个外键关系,外键关系的字段类型必须相似。

设定外键时,要求两个表必须都是 InnoDB 类型的,否则外键会被忽略。可以在约束后加上 on delete 和 on update,当违反完整性限制时,可以采取的处理方式有下面几种:NO

ACTION 表示不做任何处理;RESTRICT 表示不让操作执行;CASECADE 表示级联更新或级联删除;SET NULL 表示外键的属性值设为空值;SET DEFAULT 表示把外键的值设为默认值。

2. 通过复制现有表创建表的 SQL 语句基本格式

复制表的语句格式如下:

CREATE [TEMPORARY] TABLE [IF NOT EXISTS] 表名
　　　[LIKE 已有表名|(LIKE 已有表名)]
　　　|[AS（表达式）];

说明:

(1) TEMPORARY,表示创建临时表,在当前会话结束后将自动消失。

(2) IF NOT EXISTS,表示在创建表前,先判断表是否存在,只有该表不存在时才创建。

(3) LIKE 已有表名,表示根据现有表创建,只复制结构,不复制记录。

(4) AS（表达式）,表示根据 SELECT 语句创建,既复制结构,也复制记录。

本任务的功能要求如下:

(1) 使用 Navicat for MySQL 平台创建"系部表(department)"、"教师表(teacher)"和"课程表(course)"。

(2) 使用 SQL 语句创建"班级表(class)"、"学生表(student)"、"选课表(sc)"和"授课表(teaching)",并在创建表的同时添加约束。

任务实施

1. 使用 Navicat for MySQL 平台创建"系部表(department)"和"教师表(teacher)","系部表"和"教师表"结构见表 4-6、表 4-7。

表 4-6　　　　　　　　　　　　　　系部表(department)

列名	数据类型	说明
deptno	char(4)	系号,主键
deptname	char(14)	系部名称,非空
deptheader	char(8)	系主任
deptphon	char(20)	系部电话

表 4-7　　　　　　　　　　　　　　教师表(teacher)

列名	数据类型	约束
tno	char(4)	教师号,主键
tname	char(8)	姓名,非空
tsex	char(2)	性别
tjobdate	date	工作日期
tprofessional	varchar(20)	职称,默认值为"助教"
salary	float(7,2)	工资
deptno	char(4)	系号,外键,与系部表的"系号"关联

(1) 创建"系部表(department)"

步骤 1　启动 Navicat for MySQL 平台,如图 4-26 所示。

图 4-26 启动 Navicat for MySQL 平台

步骤 2 右击"MySQL57"，在弹出的快捷菜单中选择"打开连接"命令，如图 4-27 所示。

图 4-27 "打开连接"命令

步骤 3 右击"gradem"数据库，在弹出的快捷菜单中选择"打开数据库"命令，如图 4-28 所示。

图 4-28 "打开数据库"命令

步骤 4 单击"gradem"数据库前面的"三角号"图标，展开数据库，右击"表"，在弹出的快捷菜单中选择"新建表"命令，如图 4-29 所示(或者选中"gradem"数据库，单击工具栏上的"新建表"按钮)。

图 4-29　"新建表"命令

步骤5　在表设计窗口中按照"系部表(department)"的结构输入第一个字段的名称"deptno",选择数据类型"char",输入长度4,勾选"不是 null",如图 4-30 所示。

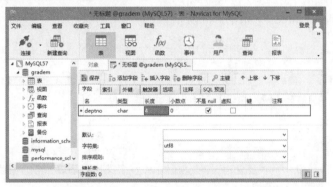

图 4-30　输入"系部表(department)"第一个字段

步骤6　单击工具栏上的"添加字段"按钮,添加一个空白字段,输入下一个字段,直到所有字段都添加完成,如图 4-31 所示。

图 4-31　输入"系部表(department)"全部字段

步骤7　选中系号(deptno)字段,单击工具栏上的" 主键"按钮,将"deptno"字段设置为主键,如图 4-32 所示。

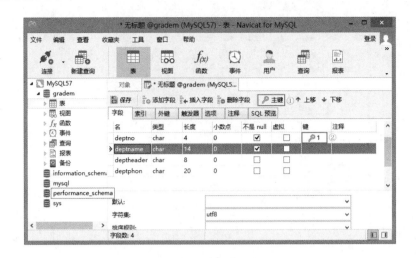

图 4-32　设置主键

步骤 8　将表所有字段的字符集设置为 utf8，单击工具栏上的"保存"按钮，在弹出的对话框中输入表名称"department"，如图 4-33 所示。

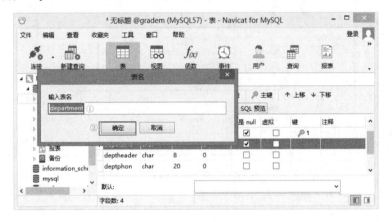

图 4-33　"表名"对话框

步骤 9　单击"确定"按钮，完成"系部表(department)"的创建，完成后可关闭表设计窗口。

(2)创建"教师表(teacher)"

步骤 1　按照上面步骤打开表设计窗口，在表设计窗口按照"教师表(teacher)"的结构输入各字段的名称和数据类型，以及是否为空，设置"tno"字段为主键，如图 4-34 所示。

步骤 2　单击"保存"按钮，输入表名"teacher"，然后单击"确定"按钮，完成表基本结构和主键的创建。

图 4-34　"教师表(teacher)"设计窗口

步骤 3　选中"tprofessional"字段,在下方"默认"处输入"助教",并将字符集设置为 utf8,如图 4-35 所示。

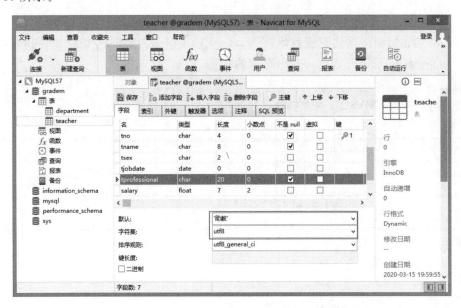

图 4-35　设置 tprofessional 字段上的默认值

步骤 4　单击工具栏上的"保存"按钮完成默认值的设置。

步骤 5　单击"外键"选项卡,打开外键编辑窗口,如图 4-36 所示。

步骤 6　在"名"中输入外键的名称"fk_tea_dep",选择字段"deptno",选择被引用的表"department(主键表)",选择被引用的字段"deptno","删除时"和"更新时"都选择 CASCADE 级联操作,如图 4-37 所示。

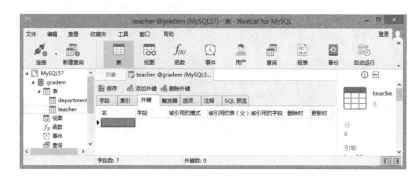

图 4-36 外键编辑窗口

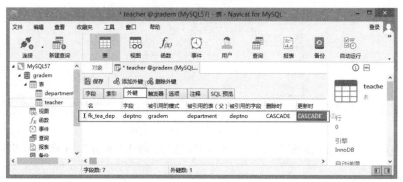

图 4-37 完成外键相关项的设置

步骤 7 单击"保存"按钮完成教师表（teacher）上 deptno 字段的外键设置，同时也建立了系部表（department）和教师表（teacher）之间的联系。

同步活动：

使用 Navicat for MySQL 平台创建课程表（course），结构见表 4-8。

表 4-8 课程表（course）

列名	数据类型	说明
cno	char(3)	课程号，主键
cname	char(30)	课程名，非空
cnumber	int	学分

2. 使用语句创建"班级表（class）"、"学生表（student）"和"选课表（sc）"。

表结构见表 4-9、表 4-10、表 4-11。

表 4-9 班级表（class）

列名	数据类型	说明
classno	char(8)	班号，主键
classname	varchar(20)	班级名称，非空
speciality	varchar(60)	专业
inyear	year	入学年份，取值为 1900 年之后
header	char(8)	辅导员
deptno	char(4)	系号，外键，与系部表的"系号"关联

表 4-10　　　　　　　　　　　　　　　学生表(student)

列名	数据类型	说明
sno	char(10)	学号,主键
sname	char(8)	姓名,非空
ssex	char(2)	性别,取值只能为"男"或"女"
sbirthday	date	出生日期
saddress	varchar(40)	家庭住址
spostcode	char(6)	邮政编码
sphone	char(18)	电话
classno	char(8)	班号,外键,与班级表的"班号"关联

表 4-11　　　　　　　　　　　　　　　选课表(sc)

列名	数据类型	说明
sno	char(10)	学号,与课程号组合做主键 外键,与学生表的学号关联
cno	char(3)	课程号,外键,与课程表的课程号关联
grade	float(6,2)	成绩,取值范围在 0～100,默认值为 0

(1)使用语句创建"班级表(class)"

步骤 1　在 Navicat for MySQL 平台下单击工具栏上的"新建查询"按钮,打开一个空白的 SQL 脚本文件窗口,连接名选择"MySQL57",数据库名选择"gradem",输入以下 SQL语句:

```
CREATE TABLE class
(
classno char(8) PRIMARY KEY,                /* 主键 */
classname varchar(20) NOT NULL,             /* 非空 */
speciality varchar(60),
inyear year check(inyear>=1900),            /* check 约束,约束取值范围 */
header char(8),
deptno char(4) references department(deptno)  /* 外键 */
) ENGINE=InnoDB CHARACTER SET UTF8;
```

步骤 2　单击"运行"按钮执行 SQL 语句,运行结果如图 4-38 所示。

步骤 3　单击"文件"菜单下的"另存为外部文件"菜单项,选择保存位置,输入文件名,将SQL 语句进行保存。

步骤 4　在导航窗格中展开"gradem"数据库,右击"表",选择"刷新"命令,可以在"表"节点下面看到新创建的 class 表。

图 4-38　创建"班级表(class)"

（2）使用语句创建"学生表(student)"

步骤 1　在 Navicat for MySQL 平台下单击工具栏上的"新建查询"按钮，打开一个空白的 SQL 脚本文件窗口，连接名选择"MySQL57"，数据库名选择"gradem"，输入以下 SQL 语句：

CREATE TABLE student

(

sno char(10) primary key，

sname char(8) not null ，

ssex char(2) check(ssex＝'男' or ssex＝'女')，

sbirthday date，

saddress varchar(40)，

spostcode char(6)，

sphone char(18)，

classno char(8) REFERENCES class(cno)

) ENGINE＝InnoDB CHARACTER SET UTF8；

步骤 2　单击"运行"按钮执行 SQL 语句，运行结果如图 4-39 所示。

步骤 3　单击"文件"菜单下的"另存为外部文件"菜单项，选择保存位置，输入文件名，将 SQL 语句进行保存。

步骤 4　在导航窗格中展开"gradem"数据库，右击"表"，选择"刷新"命令，可以在"表"节点下面看到新创建的 student 表。

图 4-39　创建"学生表(student)"

(3)使用语句创建"选课表(sc)"

步骤 1　在 Navicat for MySQL 平台下单击工具栏上的"新建查询"按钮,打开一个空白的 SQL 脚本文件窗口,连接名选择"MySQL57",数据库名选择"gradem",输入以下 SQL 语句:

CREATE TABLE sc

(sno char(10) references student(sno),

cno char(3) references course(cno),

grade float(6,2) default 0 check(grade >= 0 and grade <=100),

constraint primary key(sno,cno)

) ENGINE=InnoDB CHARACTER SET UTF8;

步骤 2　单击"运行"按钮执行 SQL 语句,运行结果如图 4-40 所示。

步骤 3　单击"文件"菜单下的"另存为外部文件"菜单项,选择保存位置,输入文件名,将 SQL 语句进行保存。

步骤 4　在导航窗格中展开"gradem"数据库,右击"表",选择"刷新"命令,可以在"表"节点下面看到新创建的 sc 表。

3. 使用语句复制表

如果要创建的表与已有表相似,也可以直接复制数据库中已有表的结构和数据,然后对表再进行修改。

(1)用复制的方式创建一个名为 student_copy1 的表,表结构直接取自 student 表。

操作过程同上,其 SQL 语句如下:

CREATE TABLE student_copy1 LIKE student

(2)创建一个名为 student_copy2 表,其结构和内容(数据)都取自 student 表。

操作过程同上,其 SQL 语句如下:

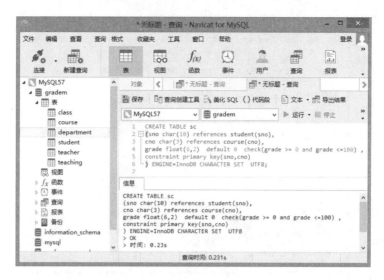

图 4-40　创建"选课表(sc)"

CREATE TABLE student_copy2 AS（select ＊ from student）

同步活动：

使用 SQL 语句创建"授课表(teaching)"，授课表结构见表 4-12。

表 4-12　　　　　　　　　　　　　　　授课表(teaching)

列名	数据类型	说明
tno	char(4)	教师号，与课程号组合做主键 外键，与教师表的教师号关联
cno	char(3)	课程号，外键，与课程表的课程号关联
term	char(20)	开课学期

任务 4.2　修改学生信息管理数据库的表结构

任务分析

现在学生信息管理数据库所使用的七个数据表已经创建完成，但由于在创建过程中的误输入等操作导致建立表结构中的字段类型选择错误、字段大小设置过大或过小，从而造成不能正确输入表的数据记录。或者创建后发现在实际应用中还需要添加某些字段、设置某些约束等。

修改表结构需要使用 ALTER TABLE 语句，ALTER TABLE 语句的基本语法结构如下：

（1）添加列

ALTER TABLE 表名 ADD 列名 数据类型 列的特征

（2）修改列的数据类型

ALTER TABLE 表名 MODIFY 列名 数据类型

（3）删除列

ALTER TABLE 表名 DROP 列名

（4）添加约束

ALTER TABLE 表名 ADD constraint 约束名 约束类型 具体的约束说明

（5）删除约束

ALTER TABLE 表名 DROP constraint 约束名

（6）重命名表

ALTER TABLE 表名 RENAME 新表名

（7）设置默认值

ALTER TABLE 表名 ALTER 列名 SET DEFAULT 值

本任务的功能要求如下：

（1）使用 Navicat for MySQL 平台修改表结构；

（2）使用 SQL 语句修改表结构。

任务实施

1. 使用 Navicat for MySQL 平台修改表

　　根据实际情况需要对"课程表（course）"结构进行修改，要求添加"开课部门 depno"字段，字符型，长度为 10，并设置为外键；将"课程名"字段的长度修改为 20，并设置"课程名称"字段不能出现重复值。

　　步骤 1　启动 Navicat for MySQL 平台，展开数据库"gradem"，展开"表"，右击"course"表，在弹出的快捷菜单中选择"设计表"命令，如图 4-41 所示。

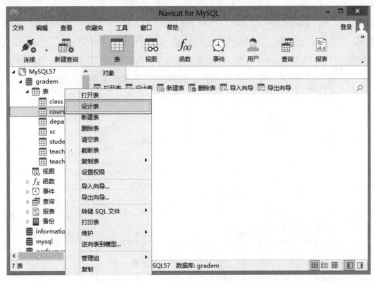

图 4-41　"设计表"命令

　　步骤 2　打开"course"表设计窗口，单击"添加字段"按钮，添加一空白行，对空白行进行如

图 4-42 所示的输入，并且将字符集设置为"utf8"格式。

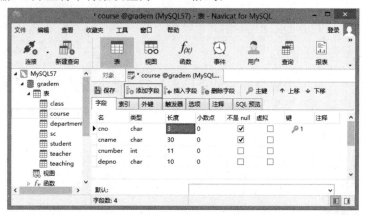

图 4-42   输入开课部门"depno"字段

    步骤 3   单击"外键"选项卡，打开外键编辑窗口，在"名"中输入外键的名称"fk_course_dep"，选择字段"deptno"，选择被引用的表"department（主键表）"，选择被引用的字段"deptno"，删除时和更新时都选择 CASCADE 级联操作，如图 4-43 所示。

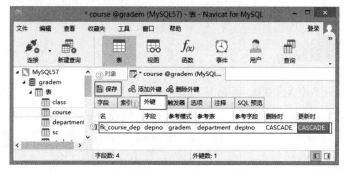

图 4-43   设置外键关系

    步骤 4   单击工具栏上的"保存"按钮，保存外键关系。

    步骤 5   单击"字段"选项卡，回到"字段"编辑界面，将"cname"字段的长度修改为 20。

    步骤 6   单击"索引"选项卡，单击"添加索引"按钮，添加一空白行，在"名"中输入"un_cname"，在字段中选择"cname"，索引类型选择"UNIQUE"，如图 4-44 所示。

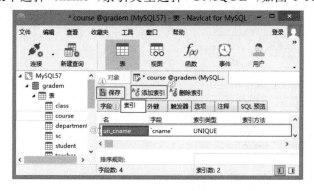

图 4-44   设置"cname"字段的唯一值

    步骤 7   单击工具栏上的"保存"按钮，完成"course"表的修改。

2. 使用 SQL 语句修改表

根据实际情况需要对教师表结构进行修改,要求添加"身份证号"字段"cardid",字符型,长度为18;将"教师姓名"字段"tname"的长度修改为20,设置"职称"字段"tprofessional"的取值为"教授"、"副教授"、"讲师"和"助教",设置"职称"字段的默认值为"助教";删除"cardid"字段。

微 课

使用 SQL 语句修改表

(1)添加"身份证号"字段"cardid",字符型,长度为18。

步骤1　在 Navicat for MySQL 平台下单击工具栏上的"新建查询"按钮,打开一个空白的 SQL 脚本文件窗口,连接名选择"MySQL57",数据库名选择"gradem",输入以下 SQL 语句:

ALTER TABLE teacher

ADD cardid char(18)

步骤2　单击"运行"按钮执行 SQL 语句。

(2)将"教师姓名"字段"tname"的长度修改为20。

操作过程同上,其执行的 SQL 语句如下:

ALTER TABLE teacher

MODIFY tname varchar(20)

(3)设置"职称"字段"tprofessional"的取值为"教授"、"副教授"、"讲师"和"助教"。

操作过程同上,其执行的 SQL 语句如下:

ALTER TABLE teacher

ADD constraint c_1 CHECK(tprofessional in('教授','副教授','讲师','助教'))

> **小提示**
>
> in 表示一个集合,表示只要在集合内出现的,等价于 tprofessional='教授' or tprofessional='副教授' or tprofessional='讲师' or tprofessional='助教'

(4)设置"职称"字段的默认值为"助教"。

操作过程同上,其执行的 SQL 语句如下:

ALTER TABLE teacher

ALTER tprofessional SET DEFAULT '助教'

(5)删除 cardid 字段。

操作过程同上,其执行的 SQL 语句如下:

ALTER TABLE teacher

DROP cardid

任务 4.3　删除学生信息管理数据库中的表

任务分析

当某些表不需要时可以将其删除,删除数据库中的表有两种方法,一种是使用 Navicat for MySQL 平台删除,另一种是使用 SQL 语言的 DELETE TABLE 语句删除。

本任务的功能要求如下:

完成"gradem"数据库中的表"student_copy1"和"student_copy2"的删除。

任务实施

1. 使用 Navicat for MySQL 平台删除"student_copy1"表

步骤 1　展开数据库"gradem",展开"表",右击"student_copy1"表,在弹出的快捷菜单中选择"删除表"命令,如图 4-45 所示。

图 4-45　"删除表"命令

步骤 2　打开"确认删除"对话框,检查一下对象名称是不是自己删除的对象,以免误删除其他表,检查无误后,单击"删除"按钮,完成表的删除。

小提示

也可以选中表后,选择右侧的"删除表"选项,打开"确认删除"对话框,单击"删除"按钮,完成表的删除。

2. 使用 SQL 语句删除"student_copy2"表

可以使用 DROP TABLE 语句删除表,语法格式如下:

DROP [TEMPORARY] TABLE [IF EXISTS] 表名 ...

这个命令将表的描述、表的完整性约束、索引及和表相关的权限等一并删除。

删除"student_copy2"表的语句如下:

DROP TABLE if exists student_copy2

任务 4.4　编辑学生信息管理数据库的数据记录

任务分析

前面我们通过 Navicat for MySQL 平台和 SQL 语言创建了学生信息管理数据库数据表结构,并根据需要进行了数据表结构的修改。目前学生信息管理系统中的 7 个表已经建立完成,但表中没有任何数据,用户可以通过 Navicat for MySQL 平台实现数据表记录的插入、修改和删除,也可以使用 SQL 语言的 Insert,Update 和 Delete 语句实现。

本任务的功能要求如下:

(1)使用 Navicat for MySQL 平台编辑数据;

(2)使用 SQL 语句完成表中数据的录入、修改和删除;

(3)使用 Navicat for MySQL 平台进行数据的导入和导出。

任务实施

1. 使用 Navicat for MySQL 平台编辑数据

(1)录入"系部表(department)"和"教师表(teacher)"的数据。"系部表(department)"和"教师表(teacher)"两个表通过"系号 deptno"建立参照完整性,所以在添加数据记录时首先要添加 department 表中的数据,再添加 teacher 表中的数据。两个表中的数据见表 4-13 和表 4-14。

表 4-13 department 表数据

deptno	deptname	deptheader	deptphon
01	电气与信息工程系	刘 明	13654578978
02	机械工程系	于 利	13589625623
03	建筑工程系	王 天	15156428952
04	材料工程系	李大可	15525364562

表 4-14 teacher 表数据

tno	tname	tsex	tjobdate	tprofessional	salary	deptno
0101	陈平	女	2003-07-15	讲师	5000.0000	01
0102	陈扬	女	2002-07-15	讲师	5000.0000	01
0103	江欣	男	1995-07-15	副教授	6000.0000	01
0104	蒋安	男	1990-07-15	教授	8000.0000	01
0105	张淘	女	1995-07-15	讲师	5000.0000	01
0201	王丽娜	女	1998-07-15	副教授	6000.0000	02
0202	于林	男	1989-07-15	教授	8000.0000	02

步骤 1 启动 Navicat for MySQL 平台,展开数据库"gradem",展开"表",选中 department 表,右击,在弹出的快捷菜单中选择"打开表"命令(或者双击 department 表),打开数据编辑窗口,如图 4-46 所示。

步骤 2 按照表 4-13 中的内容输入第一条记录各字段的值,如图 4-47 所示。

步骤 3 单击"+"图标后,添加一空白记录,输入表 4-13 中的第二条记录,按照此步骤输入所有的记录,然后关闭表,完成 department 表的数据录入。

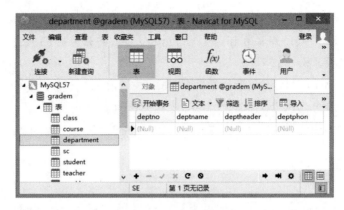

图 4-46　表的数据编辑窗口

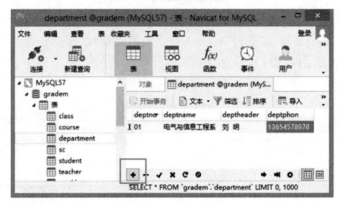

图 4-47　添加记录

同步活动：

使用 Navicat for MySQL 平台完成 teacher 表数据的录入。

（2）修改 teacher 表数据，现在教师表中的数据已经录入完成，但是在录入过程中出现了错误，需要进行修改。将教师编号为"0101"的教师姓名修改为"刘华"，并将所有教师的工资提高 300 元。

步骤 1　启动 Navicat for MySQL 平台，展开数据库"gradem"，展开"表"，双击"teacher"表，打开数据编辑窗口。

步骤 2　找到教师编号为"0101"的记录，将其教师姓名修改为"刘华"，并将所有教师工资进行修改，都增加 300 元，如图 4-48 所示。

图 4-48　teacher 表数据编辑窗口

步骤 3 单击数据编辑窗口下方的"√"按钮,完成表的修改,也可单击"×"按钮放弃修改。本例确认修改。

(3)删除"teacher"表的数据。教师"于林"已经离开学校,需要将他的信息删除。

步骤 1 打开"teacher"表的数据编辑窗口。

步骤 2 选中教师"于林"的一行记录,然后单击数据编辑窗口下方的"—"按钮(也可以右击选择"删除"命令或按 Delete 键),如图 4-49 所示。

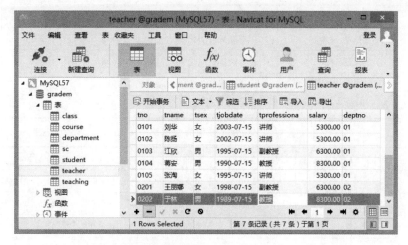

图 4-49 删除数据

步骤 3 弹出"确认删除"对话框,如图 4-50 所示。

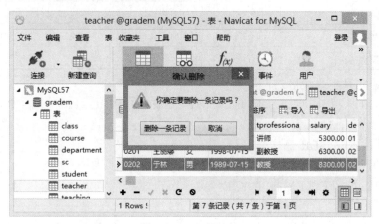

图 4-50 "确认删除"对话框

步骤 4 在弹出的窗口中单击"删除一条记录"按钮,完成记录的删除。

2. 使用 SQL 语句编辑数据

(1)使用 INSERT 语句录入数据

使用 INSERT 语句录入"班级表(class)"和"学生表(student)"的数据。
两个表中的数据见表 4-15 和表 4-16。

微　课

使用 SQL 语句
编辑数据

表 4-15   class 表中的数据

classno	classname	speciality	inyear	header	deptno
20160101	计算机 16-1	计算机科学与技术	2016	张振	01
20160102	计算机 16-2	计算机科学与技术	2016	王丽娜	01
20180103	自动化 18-1	自动化	2018	于林	01
20180104	自动化 18-2	自动化	2018	王伟	01
20180201	机制 18-1	机械自动化	2018	张静	02
20180202	机制 18-2	机械自动化	2018	李超	02
20180203	机制 18-3	机械自动化	2018	赛飞	02
20180204	机制 18-4	机械自动化	2018	户康	02
20180301	土木 18-1	土木工程	2018	朱明	03

表 4-16   student 表中的数据

sno	sname	ssex	sbirthday	saddress	spostcode	sphone	classno
2016010101	白沧溟	男	1995-04-06	辽宁省鞍山市	114000	13478098447	20160101
2016010102	孔亚薇	女	1996-04-03	河南省商丘市	476000	13804961254	20160101
2016010201	王丽	女	1989-07-08	辽宁省大连市	116000	13079452444	20160102
2016010202	田园	女	1985-06-09	辽宁省抚顺市	113000	13897256641	20160102
2018010203	刘晓	男	1993-12-04	辽宁省沈阳市	110000	15874526365	20180202
2016020101	张孝文	男	1996-09-07	辽宁省本溪市	117000	18945623120	20180202
2016020201	孙天方	男	1992-05-06	辽宁省大连市	116000	13940931222	20180203
2016020202	李鹏飞	男	1992-10-06				

INSERT 语句基本语法格式:

INSERT [LOW_PRIORITY | DELAYED | HIGH_PRIORITY] [IGNORE] [INTO]
表名 [(列名,...)]
    VALUES ({expr | DEFAULT},...),(...),...
    | SET 列名={expr | DEFAULT},...
    [ON DUPLICATE KEY UPDATE 列名=expr, ...]

说明:

● LOW_PRIORITY:可以使用在 INSERT,DELETE 和 UPDATE 等操作中,当原有客户端正在读取数据时,延迟操作的执行,直到没有其他客户端从表中读取数据为止。

● DELAYED:若使用此关键字,则服务器会把待插入的行放到一个缓冲器中,而发送 INSERT DELAYED 语句的客户端会继续运行。

● HIGH_PRIORITY:可以使用在 SELECT 和 INSERT 操作中,使操作优先执行。

● IGNORE:使用此关键字,在执行语句时出现的错误就会被当作警告处理。

● 列名:需要插入数据的列名。

● VALUES 子句:包含各列需要插入的数据清单,数据的顺序要与列的顺序相对应。

● SET 子句:SET 子句用于给列指定值,使用 SET 子句时表名的后面省略列名。

● ON DUPLICATE KEY UPDATE...:使用此选项插入行后,若导致 UNIQUE KEY 或

PRIMARY KEY 出现重复值,则根据 UPDATE 后的语句修改旧行(使用此选项时 DELAYED
被忽略)。

①INSERT 语句录入"班级表(class)"的数据。

步骤 1　启动 Navicat for MySQL 平台,右击"MySQL57",在弹出的快捷菜单中选择"打
开连接"命令。右击"gradem"数据库,在弹出的快捷菜单中选择"打开数据库"命令。单击工
具栏上的"新建查询"按钮,打开一个空白的 SQL 脚本文件窗口,连接名选择"MySQL57",数
据库名选择"gradem",输入以下 SQL 语句:

INSERT class
VALUES('20160101','计算机 16-1','计算机科学与技术',2016,'张振','01');
INSERT class
VALUES('20160102','计算机 16-2','计算机科学与技术',2016,'王丽娜','01');
INSERT class
VALUES('20180103','自动化 18-1','自动化',2018,'于林','01');
INSERT class
VALUES('20180104','自动化 18-2','自动化',2018,'王伟','01');
INSERT class
VALUES('20180201','机制 18-1','机械自动化',2018,'张静','02');
INSERT class
VALUES('20180202','机制 18-2','机械自动化',2018,'李超','02');
INSERT class
VALUES('20180203','机制 18-3','机械自动化',2018,'赛飞','02');
INSERT class
VALUES('20180204','机制 18-4','机械自动化',2018,'户康','02');
INSERT class
VALUES('20180301','土木 18-1','土木工程',2018,'朱明','03');

步骤 2　单击"运行"按钮执行 SQL 语句,运行结果如图 4-51 所示。

图 4-51　INSERT 语句运行结果

②INSERT 语句录入"学生表（student）"的数据。

步骤 1 启动 Navicat for MySQL 平台，右击"MySQL57"，在弹出的快捷菜单中选择"打开连接"命令。右击"gradem"数据库，在弹出的快捷菜单中选择"打开数据库"命令。单击工具栏上的"新建查询"按钮，打开一个空白的 SQL 脚本文件窗口，连接名选择"MySQL57"，数据库名选择"gradem"，输入以下 SQL 语句：

```
INSERT student
VALUES('2016010101','白沧溟','男','1995-04-06','辽宁省鞍山市','114000',
'13478098447','20160101');
INSERT student
VALUES('2016010102','孔亚薇','女','1996-04-03','河南省商丘市','476000',
'13804961254','20160101');
INSERT student
VALUES('2016010201','王丽','女','1989-07-08','辽宁省大连市','116300',
'13079452444','20160102');
INSERT student
VALUES('2016010202','田园','女','1985-06-09','辽宁省抚顺市','113000',
'13897256641','20160102');
INSERT student
VALUES('2018010203','刘晓','男','1993-12-04','辽宁省沈阳市','110000',
'15874526365','20180202');
INSERT student
VALUES('2016020101','张孝文','男','1996-09-07','辽宁省本溪市','117000',
'18945623120','20180202');
INSERT student
VALUES('2016020201','孙天方','男','1992-05-06','辽宁省大连市','116300',
'13940931222','20180203');
INSERT student(sno,sname,ssex,sbirthday)
VALUES('2016020202','李鹏飞','男','1992-10-06');
```

步骤 2 单击"运行"按钮执行 SQL 语句。

小提示

● MySQL 支持图片插入，可以以路径形式来存储，也可以使用 LOAD_FILE 函数。

● 当对表中部分列输入数据时，如果列在中间需要用空值或用默认值填充，如果在末尾可以在表名后列出字段名，字段名的顺序可以和表中字段名顺序不一致，数据的顺序要和列出的字段名顺序一致。例如：

```
INSERT student(sno,sname,ssex,sbirthday)
VALUES('2016020202','李鹏飞','男','1992-10-06');
```

也可以写成：

```
INSERT student(sname,sno, ssex,sbirthday)
VALUES('李鹏飞','2016020202','男','1992-10-06');
INSERT student
```

VALUES('2016020202','李鹏飞','男','1992-10-06',NULL,NULL,NULL,NULL);

● 多个 INSERT 语句之间要用分号分开。

③向学生表插入一条新记录:'2016020202','李鹏飞','男','1992-10-06','辽宁省大连市'。

步骤 1　使用 INSERT 语句插入。在 Navicat for MySQL 平台,打开一个空白的 SQL 脚本文件窗口,连接名选择"MySQL57",数据库名选择"gradem",输入以下 SQL 语句:

INSERT student(sno,sname,ssex,sbirthday,address)

VALUES('2016020202','李鹏飞','男','1992-10-06','辽宁省大连市');

步骤 2　单击"运行"按钮执行 SQL 语句,执行结果如图 4-52 所示。由于主键字段出现重复值,所以运行结果出错。

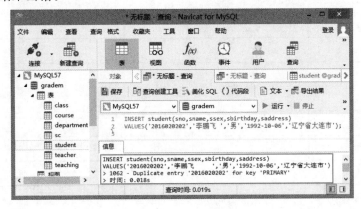

图 4-52　INSERT 语句运行出错

步骤 3　修改语句,用"REPLACE"语句替换"INSERT"语句,语句如下:

REPLACE student(sno,sname,ssex,sbirthday,saddress)

VALUES('2016020202','李鹏飞','男','1992-10-06','辽宁省大连市')

步骤 4　重新运行语句,替换数据成功。

小提示

REPLACE 语句在插入数据之前会将与新记录冲突的旧记录删除,从而用新记录替换旧记录,正常插入。

同步活动:

使用 INSERT 语句完成"课程表(course)"、"选课表(sc)"和"授课表(teaching)"中数据的录入,数据见表 4-17～表 4-19。

表 4-17　　　　　　　　　　　　　course 表中的数据

cno	cname	cnumber	depno
001	计算机基础	4.0	01
002	力学基础	6.0	03
003	数据库原理及应用	4.0	01
004	C 语言程序设计	6.0	01
005	机械设计原理	4.0	02
006	C#程序设计	6.0	01
007	路由器	5.0	01
008	数控编程及应用	3.0	02

表 4-18　　　　　　　　　　　　　　　sc 表中的数据

sno	cno	grade
2016010101	001	95.0
2016010101	002	90.0
2016010101	003	94.0
2016010102	003	94.0
2016010201	001	92.0
2016010201	002	88.0
2016010201	003	78.0
2016010202	002	59.0
2016010202	004	66.0
2016020101	001	88.0
2016020101	004	99.0
2016020201	001	56.0
2016020201	002	78.0

表 4-19　　　　　　　　　　　　　　teaching 表中的数据

tno	cno	term
0101	001	1
0101	004	3
0102	003	1
0102	006	2
0103	007	4
0201	005	1
0201	008	5
0202	002	1

（2）使用 UPDATE 语句修改学生表中数据

UPDATE 语句格式如下：

UPDATE 表名

SET 列名 1＝值[，列名 2＝值…]

[WHERE 条件]

说明：若语句中不设定 WHERE 子句，则更新所有行。列名 1、列名 2 为要修改的列，值可以是常量、变量或表达式。

①将学号为"2016010101"学生的姓名修改为"白沧铭"。

步骤 1　启动 Navicat for MySQL 平台，右击"MySQL57"，在弹出的快捷菜单中选择"打开连接"命令。右击"gradem"数据库,在弹出的快捷菜单中选择"打开数据库"命令。单击工具栏上的"新建查询"按钮,打开一个空白的 SQL 脚本文件窗口,连接名选择"MySQL57",数据库名选择"gradem",输入以下 SQL 语句:

```
UPDATE student
SET sname='白沧铭'
WHERE sno='2016010101'
```

步骤 2 单击"运行"按钮执行 SQL 语句,执行结果如图 4-53 所示。

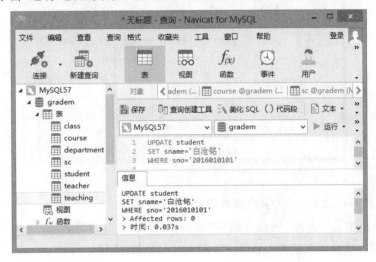

图 4-53 UPDATE 语句运行结果

②将所有教师的工资提高 500 元。

步骤 1 单击工具栏上的"新建查询"按钮,打开一个空白的 SQL 脚本文件窗口,连接名选择"MySQL57",数据库名选择"gradem",输入以下 SQL 语句:

```
UPDATE teacher
SET salary=salary+500
```

步骤 2 单击"运行"按钮执行 SQL 语句。

小提示

UPDATE 可以一次修改一个表中的多个字段值,也可以修改多个表的字段值,格式如下:

UPDATE 表名,表名...

SET 列名 1=expr1 [,列名 2=expr2 ...]

[WHERE 条件]

(3)使用 DELETE 语句删除学生表中数据

DELETE 语句的语法格式如下:

DELETE FROM 表名

[WHERE 条件]

①删除学号"2016020201"同学的选课信息。

步骤 1 单击工具栏上的"新建查询"按钮,打开一个空白的 SQL 脚本文件窗口,连接名

选择"MySQL57",数据库名选择"gradem",输入以下 SQL 语句:

DELETE FROM sc
WHERE sno='2016020201'

步骤 2   单击"运行"按钮执行 SQL 语句,结果如图 4-54 所示。

图 4-54   DELETE 语句运行结果

②删除学号"2016020201"同学的基本信息。

步骤 1   单击工具栏上的"新建查询"按钮,打开一个空白的 SQL 脚本文件窗口,连接名选择"MySQL57",数据库名选择"gradem",输入以下 SQL 语句:

DELETE FROM student
WHERE sno='2016020201'

步骤 2   单击"运行"按钮执行 SQL 语句。

小提示

在删除数据时一定要先删除外键表中的数据,再删除主键表中的数据。

项目实训   图书销售管理数据表的创建与管理

一、实训的目的和要求

1. 掌握使用 Navicat for MySQL 平台创建、修改和删除表。
2. 掌握使用 SQL 语句创建、修改和删除表。
3. 掌握使用 Navicat for MySQL 平台添加表数据、修改表数据、删除表数据的方法。
4. 掌握使用 SQL 语句添加表数据、修改表数据、删除表数据的方法。
5. 掌握数据的导入和导出。

二、实训内容

1. 使用管理平台完成"图书分类表(booktype)"、"供应商表(provider)"、"出版社表(publish)"和"图书库存表(book)"的创建,表结构见表 4-20~表 4-23。

表 4-20　　　　　　　　　　　　　图书分类表(booktype)结构

字段名	数据类型	长度	约束	说明
booktypeid	char	4	主键	图书分类号
booktypename	char	30	不允许为空	图书分类名称

表 4-21　　　　　　　　　　　　　供应商表(provider)结构

字段名	数据类型	长度	约束	说明
providerid	char	4	主键	供应商编号
providername	char	30	不允许为空	供应商名称
providercity	char	20	不允许为空	所在城市
contactperson	char	10	不允许为空	联系人
providerphone	char	11	不允许为空	联系电话

表 4-22　　　　　　　　　　　　　出版社表(publish)结构

字段名	数据类型	长度	约束	说明
publishid	char	6	主键	出版社编号
publishname	char	30	默认值为"清华大学出版社"	出版社名称
publishaddress	char	60	不允许为空	出版社地址
publishcity	char	30	不允许为空	所在城市
postcode	char	6		邮政编码
publishphone	char	12		联系电话

表 4-23　　　　　　　　　　　　　图书库存表(book)结构

字段名	数据类型	长度	约束	说明
bookid	char	6	主键	图书编号
isbn	char	20	不允许为空	ISBN
bookname	char	60		图书名称
booktypeid	char	4	外键	图书类号
bookwriter	char	40		作者
bookversion	char	10		版次
bookdate	char			出版日期
bookcount	int		限制在 0~1 000	库存数量
bookprice	decimal(5,1)			图书单价
publishid	char	6	外键	出版社编号

2. 使用 SQL 语句完成"客户表(client)"、"入库单表(receipt)"和"销售单表(sell)"的创建,表结构见表 4-24～表 4-26。

表 4-24　　　　　　　　　　　　客户表(client)结构

字段名	数据类型	长度	约束	说明
clientid	char	6	主键	客户编号
clientname	char	200	不允许为空	客户名称
clientsex	char	2	默认为"男"	性别
clientaddress	char	50		地址
clientphone	char	11		联系电话

表 4-25　　　　　　　　　　　　入库单表(receipt)结构

字段名	数据类型	长度	约束	说明
receiptnumber	char	6	与图书编号一起做主键	入库单号
bookid	char	6	外键	图书编号
receiptdate	char	10		入库日期
buycount	Int		限制在 1～50	购入数量
bookprice	decimal(5,1)			入库单价
providerid	char	4		供应商编号
handle	char	10		经手人

表 4-26　　　　　　　　　　　　销售单表(sell)结构

字段名	数据类型	长度	约束	说明
sellid	char	6	与图书编号一起做主键	销售单号
bookid	char	6	外键	图书编号
selldate	char	10		销售日期
sellcount	int			销售数量
sellprice	decimal(5,1)		限制在 0～1 000	销售单价
clientid	char	6	外键	客户编号
handle	char	10		经手人

3. 使用语句修改图书库存表,将图书名称字段的数据类型改为 varchar,长度不变。

4. 使用语句为入库单表的图书单价字段添加约束,限制取值范围在 0～1 000。

5. 使用语句修改入库单表,将供应商编号设置为外键。

6. 使用管理平台向"图书分类表(booktype)"、"供应商表(provider)"、"出版社表(publish)"和"图书库存表(book)"中添加数据,数据见表 4-27～表 4-30。

表 4-27　　　　　　图书分类表(booktype)的数据

booktypeid	booktypename
b01	计算机类
b02	机械类
b03	电子类
b04	文学类
b05	建筑类
b06	经济类

表 4-28　　　　　　　　　　　　　　　　　　供应商表（provider）的数据

providerid	providername	providercity	contactperson	providerphone
pr01	新华书店	天津	刘小明	15840017896
pr02	行知书店	沈阳	李爽	15100205641
pr03	阅友书店	大连	王军	13945678252
pr04	阳光书坊	深圳	赵云	13852152151
pr05	程力书店	沈阳	赵明利	13015234561
pr06	红岩书店	北京	王天明	13113654563

表 4-29　　　　　　　　　　　　　　　　　　出版社表（publish）的数据

publishid	publishname	publishaddress	publishcity	postcode	publishphone
pb01	清华大学出版社	学研大厦 A 座	北京	100000	010－62770156
pb02	大连理工出版社	软件园路 80 号	大连	116023	0411－8470147
pb03	吉林大学出版社	明德路 421 号	长春	130000	0431－8499825
pb04	北京大学出版社	成府路 205 号	北京	100000	010－6145698
pb05	人民邮电出版社	成寿寺路 11 号	北京	100000	010－7891245
pb06	高等教育出版社	德胜门大街 4 号	北京	100000	Null

表 4-30　　　　　　　　　　　　　　　　　　图书库存表（book）的数据

bookid	isbn	bookname	book type	book writer	book version	book date	book count	book price	publishid
b0001	384649	SQL Server 数据库	b01	姜一番	一	2015.7	100	41.5	pb01
b0002	336099	SQL Server 数据库应用	b01	刘一双	一	2016.1	111	28.0	pb01
b0003	184738	Access 数据库技术	b01	姜黎明	一	2014.1	506	78.8	pb02
b0004	355229	UG NX 机械结构设计	b02	王兵	一	2014.1	142	29.8	pb01
b0005	432640	语言学精读	b04	陈亚	一	2016.3	122	56.0	pb06
b0006	456752	红楼梦赏析	b04	陈玉梅	一	2016.1	600	45.0	pb06

7. 使用 SQL 语句向中"客户表（client）"、"入库单表（receipt）"和"销售单表（sell）"添加数据，数据见表 4-31～表 4-33。

表 4-31　　　　　　　　　　　　　　　　　　客户表（client）的数据

clientid	clientname	clientsex	clientaddress	clientphone
c0001	李民基	男	辽宁沈阳市和平区 80 号	13332659871
c0002	周正	女	辽宁沈阳市沈河区	15023456987
c0003	曹颖	男	广东省广州市 9 号	18956234521
c0004	王涛	女	大连市沙河口区 23 号	13842315612
c0005	李达	男	辽宁省锦州市古塔区 56 号	13978945612

表 4-32   入库单表(receipt)的数据

receiptnumber	bookid	receiptdate	buycount	bookprice	providerid	handler
r0001	b0001	2016.5	101	25.5	pr01	李琦
r0001	b0002	2016.5	223	29.8	pr01	李琦
r0002	b0003	2015.1	781	34.8	pr02	李琦
r0002	b0004	2015.1	302	35.8	pr02	李琦
r0003	b0005	2017.1	151	45.0	pr03	李琦
r0003	b0006	2017.1	606	56.0	pr03	李琦
r0003	b0007	2017.1	120	52.0	pr03	李琦

表 4-33   销售单表(sell)的数据

sellid	bookid	selldate	sellcount	sellprice	clientid	handler
s0001	b0001	2017.6	56	26.5	c0001	周明飞
s0002	b0002	2017.7	101	30.8	c0002	周明飞
s0003	b0003	2016.2	225	35.0	c0003	周明飞
s0003	b0004	2015.2	256	45.6	c0003	周明飞
s0004	b0005	2018.2	54	85.0	c0004	周明飞
s0004	b0006	2018.2	123	60.0	c0004	周明飞
s0004	b0007	2018.2	87	53.5	c0004	周明飞

8. 使用管理平台将作者"姜一番"的"SQL Server 数据库"图书的单价修改为 45 元。

9. 使用管理平台删除图书分类表中"机械类"的分类信息。

10. 使用 SQL 语句将所有图书的入库单价提高 2.5 元。

11. 使用 SQL 语句将图书编号为"b0001"的图书的销售单价提高 2 元。

12. 使用 SQL 语句删除图书编号为"b0007"的图书的销售信息。

项目总结

本项目介绍了 MySQL 数据类型、MySQL 的函数、数据完整性和约束,并通过四个任务介绍了 Navicat for MySQL 平台和 SQL 语句两种方法创建、修改和删除数据表的结构以及表中数据的录入、修改和删除。通过本项目的学习和训练,学生了解了数据类型和函数,理解了数据完整性,掌握了使用 Navicat for MySQL 平台创建表、修改表、删除表以及数据编辑的方法。掌握了使用 SQL 语句创建表、修改表、删除表以及数据编辑的方法。本项目完成了学生信息管理系统数据表结构的创建以及数据的录入,为后续项目的完成做好了准备。

思考与练习

一、填空题

1. 数据完整性分为三种类型：_____、_____和_____。

2. _____约束是为了保证实体完整性的。

3. _____约束是为了保证参照完整性的。

4. 执行语句 SELECT LEFT('My name is lingling',2);得到的结果为_____。

5. 执行语句 SELECT SUBSTRING('My name is lingling',4,4);得到的结果为_____。

6. 执行语句 SELECT YEAR('2020-3-20');得到的结果为_____。

7. 执行语句 SELECT MONTH('2020-3-20');得到的结果为_____。

8. _____完整性是指限制一个表中不能出现重复记录，_____完整性是指限制表中字段值的有效取值范围，_____完整性用于确保相关联的表间的数据保持一致。

二、选择题

1. 在 MySQL 语句中用于插入数据的命令是（　　）。
A. UPDATE　　　　B. INSERT　　　　C. CREATE　　　　D. DELETE

2. 在 MySQL 语句中用于更新数据的命令是（　　）。
A. UPDATE　　　　B. INSERT　　　　C. CREATE　　　　D. DELETE

3. 在 MySQL 语句中用于删除数据的命令是（　　）。
A. UPDATE　　　　B. INSERT　　　　C. CREATE　　　　D. DELETE

4. 用于修改表结构的命令是（　　）。
A. UPDATE　　　　B. INSERT　　　　C. ALTER　　　　D. DELETE

5. 在修改表结构时用于增加列的命令是（　　）。
A. ADD　　　　B. ADD COLUMN　　C. DROP　　　　D. DELETE

6. 在修改表结构时用于修改列的数据类型的命令是（　　）。
A. ALTER　　　　B. MODIFY　　　　C. DROP　　　　D. DELETE

三、编程题

1. 写出创建"产品表"的语句，产品表的结构如下：产品表(产品编号,产品名称,价格,库存数量)。

2. 向"产品表"中插入记录，记录如下："0001 空调 4000 300"。

3. 修改产品表数据，将产品价格打8折。

4. 将低于300元的产品记录删除。

项目 5

查询和维护学生信息管理数据库中的数据

重点和难点

1. SELECT 查询语句格式；
2. 分组和汇总查询；
3. 连接查询；
4. 子查询。

学习目标

【知识目标】

1. 掌握 SELECT 查询语句格式；
2. 掌握条件语句的格式；
3. 掌握分组和汇总语句的格式；
4. 掌握连接查询语句的格式；
5. 掌握子查询和联合查询语句的格式。

【技能目标】

1. 具备单表数据查询的能力；
2. 具备多表连接查询的能力；
3. 具备使用子查询进行数据查询、插入、更新和删除的能力。

素质目标

1. 具有担当大任的职业精神；
2. 具有良好的团队合作精神。

项目概述

在数据库操作中,数据的统计、计算和检索是日常工作中经常使用的操作。学生信息管理系统的数据库已经基本建立完成,应该满足教师和学生提出的各种查询要求,如学生处要查询学生的学籍信息;教务处要查询学生的成绩信息等。要完成上述查询要求,需要使用数据查询语句。

本项目将以学生信息管理数据库 gradem 为例,重点讲解使用 SQL 语句进行简单数据查询、多表连接数据查询以及子查询完成数据查询和维护。通过本项目的学习,学生将具有使用 SQL 语句进行数据查询和维护的能力。

知识储备

知识点 1　　SELECT 语句的基本格式

数据查询是数据库最常见的操作,SQL 语言通过 SELECT 语句来实现数据查询。SELECT 语句的结构较为复杂,语法结构如下:

SELECT [ALL | DISTINCT] <选择列表>
[FROM] {<表或视图名>} [,...n]
[WHERE] <搜索条件>
　　　[GROUP BY] {<分组表达式>}[,...n]
　　　　[HAVING] <分组条件>
　　　　[ORDER BY] {<字段名[ASC|DESC]>} [,...n]
[LIMIT { [offset,]>rowcount|row_count OFFSET offset}]

说明:

(1)用[ ]括起来的是可选项,SELECT 是必需的。

(2)选择列表指定了要返回的列。

(3)WHERE 子句指定限制查询的条件。

(4)在搜索条件中,可以使用比较运算符、逻辑运算符等来限制返回的行数。

微课

SELECT 语句的
基本格式

(5)FROM 子句指定了所涉及的字段所属的表。

(6)DISTINCT 选项从结果集中消除了重复的行。

(7)GROUP BY 子句是对结果集进行分组。

(8)HAVING 子句是在分组的时候对字段或表达式指定搜索条件。

(9)ORDER BY 子句对结果集按某种条件进行排序,ASC 表示升序(默认),DESC 表示降序。

(10)LIMIT 限定了要返回的行数。

知识点 2　多表连接查询

微　课

多表连接查询

在关系型数据库管理系统中为了减少数据的冗余以及避免各种操作的异常,经常把一个实体的所有信息存放在一个表中,把相关数据分散到不同的表中。在检索数据时通过连接操作可以查询出存放在不同表中的实体的信息。

一般情况下,SQL 语言的 SELECT 语句通过在 WHERE 条件中指定连接属性的匹配来实现连接操作,每两个参与连接的表需要指定一个连接条件,连接查询的结果为一个表,这使得用户能将连接结果再与其他表进行连接,从而实现多表之间的连接。

连接查询主要包括内连接、外连接、交叉连接。

1. 内连接

内连接是最常用的一种连接形式,两个表的内连接查询是指从两个表中的相关字段中提取信息作为查询条件,如果满足条件就从两个表中选择相应信息置于查询结果集中。

内连接的语法格式如下(INNER 可以省略):

SELECT 列名列表
FROM 表 1 [INNER] JOIN 表 2 ON 连接条件表达式
或
SELECT 列名列表
FROM 表 1,表 2
WHERE 连接条件表达式

小提示

内连接语法格式中的"连接条件表达式"的基本写法为:表 1. 字段名=表 2. 字段名,字段名为表 1 和表 2 的同名字段或兼容字段。

2. 外连接

内连接返回查询结果集中仅包含满足连接条件和查询条件的行,而采用外连接时,不仅会返回满足条件的结果,还会包含左表(左外连接)、右表(右外连接)中的所有数据行。

(1)左外连接:查询的结果集包含左表中的所有行,如果左表中的某行在右表没有相匹配行,则在相关联的结果集行中右表的所有选择列均为空值。语法格式如下:

SELECT 列名列表
FROM 表 1 LEFT [OUTTER] JOIN 表 2 ON 连接条件表达式

(2)右外连接:查询的结果集包含右表中的所有行,如果右表中的某行在左表没有相匹配行,则在相关联的结果集行中左表的所有选择列均为空值。语法格式如下:

SELECT 列名列表
FROM 表 1 RIGHT[OUTTER] JOIN 表 2 ON 连接条件表达式

3. 交叉连接

交叉连接就是将连接的两个表的所有行进行组合,即将左表中的每一行与右表中的所有行一一组合,结果集的列数为两个表列数的和,行数为两个表行数的乘积。语法格式如下:

SELECT 列名列表
FROM 表 1 CROSS JOIN 表 2 ON 连接条件表达式

知识点 3　子查询和联合查询

1.子查询

子查询是指包含在某个 SELECT,INSERT,UPDATE 或 DELETE 语句中的 SELECT 查询。部分子查询和连接查询是可以相互替代,使用子查询也可以替代表达式。通过子查询可以把一个复杂的查询分解成一系列的逻辑步骤,可以解决复杂的查询问题。子查询也称为嵌套查询。子查询的分类方法有多种:

子查询和联合查询

(1)按查询执行的过程分类

按查询执行的过程,分为相关子查询和非相关子查询两种。

①非相关子查询

非相关子查询的执行过程是从内层向外层处理,即先处理最内层的子查询,但是查询的结果是不会被显示出来的,而是传递给外层作为外层的条件,再执行外部查询,最后显示出查询结果。

如果子查询返回的结果是一个单一值,称为单值查询。单值查询可以直接使用关系运算符连接内查询和外查询。

如果子查询返回的结果为一组值,称为多值查询,多值查询需要在子查询前使用 ANY,ALL,IN,NOT IN 等运算符。

ANY:将一个表达式的值与子查询返回的一组值中的每一个值进行比较。只要有一个运算结果为 True,则 ANY 测试返回 True,如果每次比较结果都为 False,则 ANY 测试返回 False。

ALL:将一个表达式的值与子查询返回的一组值中的每一个值进行比较。若每次比较的结果都为 True,则 ALL 测试返回 True,只要有一次比较结果为 False,则 ALL 测试返回 False。

②相关子查询

相关子查询的执行过程是,子查询为外部查询的每一行执行一次,外部查询将子查询引用的外部字段的值传给子查询,进行子查询操作;外部查询根据子查询得到的结果或结果集返回满足条件的结果行。外部查询的每一行都做相同的处理。外部查询每执行一行,内部查询要从头执行到尾。类似于编程语言的嵌套循环。

一般情况下,包含子查询的查询语句可以写成连接查询的方式。

小提示

使用子查询时应该注意如下的事项:

● 子查询需要用小括号括起来。

● 当需要返回一个值或一个值列表时,可以利用子查询代替一个表达式。也可以利用子查询返回含有多个列的结果集替代和连接操作相同的功能。

● 子查询中可以再包含子查询。

（2）按照返回结果分类

按返回结果，可分为表子查询、行子查询、列子查询、标量子查询。

①表子查询：返回的结果集由多行数据组成，作为表子查询要设置表的别名，常用于父查询的 FROM 子句中。语法格式如下：

SELECT 列名列表 FROM（SELECT 列名列表 FROM 表名）AS 表别名

②行子查询：返回结果集由一行数据组成，一行数据里可以包含多列，常用于父查询的 WHERE 子句中。语法格式如下：

SELECT 列名列表 FROM

WHERE（列名列表）＝（SELECT 列名列表 FROM 表））

③列子查询：返回的结果集由多行一列数据组成，可以用 IN，ANY 和 ALL 操作符，语法格式如下：

SELECT 列名列表 FROM

WHERE 列名 运算符（SELECT 列名 FROM 表）

④标量子查询：返回的结果集是一个标量集合，一行一列，也就是一个标量，每个标量子查询也是一个行子查询和一个列子查询，反之则不是。每个行子查询和列子查询也是一个表子查询，反之则不是。

2. 联合查询

联合查询是将多个查询语句的结果组合到一个结果集中。联合查询使用 UNION 语句，语法格式如下：

SELECT ...

UNION［ALL|DISTINCT］

SELECT ...

UNION［ALL|DISTINCT］

SELECT ...

说明：

（1）每个 SELECT 语句的对应位置的列应具有相同的数目和类型。

（2）只有最后一个 SELECT 语句可以使用 INTO OUTFILE。

（3）第一个 SELECT 语句中的列将被用于整个查询结果的列名称。

（4）MySQL 自动从最终结果中去除重复行，所以附加的 DISTINCT 是多余的，但根据 SQL 标准，在语法上允许采用。要得到所有匹配的行，需要使用 ALL 关键字。

任务 5.1　使用简单查询语句浏览学生信息

任务分析

学生信息管理数据库中的数据表建立并录入数据记录后，用户可以随时按照需要从数据表中查询有用的信息，如查询学生的部分信息或全部信息；查询学生所在班级信息等。数据查询的来源可以是一个数据表,也可以是多个数据表。如果是一个数据表,一般我们称为简单查询或单表查询。

本任务的功能要求如下:

按要求查询学生的相关信息。

任务实施

1.查询学生的基本信息

查询全部列时可以使用"＊",显示结果的顺序与表中原来顺序一致,也可以依次列出所有字段信息,各字段名称之间用逗号分开。

步骤1　启动 Navicat for MySQL 平台,打开连接"MySQL57",打开数据库"gradem",单击工具栏上的"新建查询"按钮,打开一个空白的 SQL 脚本文件窗口,连接名选择"MySQL57",数据库名选择"gradem",输入以下 SQL 语句:

SELECT ＊ FROM student;

步骤2　单击"运行"按钮执行 SQL 语句,运行结果如图 5-1 所示。

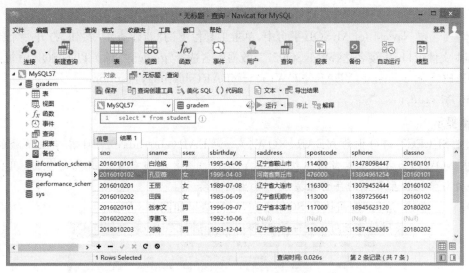

图 5-1　查询学生的基本信息

步骤3　单击"文件"菜单,执行"另存为外部文件"命令,选择保存位置,输入文件名,对 SQL 语句进行保存,保存文件的扩展名为".sql"。

2.查询学生的学号、姓名、家庭住址和电话号码

步骤1　在 Navicat for MySQL 平台中,单击工具栏上的"新建查询"按钮,打开一个空白的 SQL 脚本文件窗口,连接名选择"MySQL57",数据库名选择"gradem",输入以下 SQL 语句:

SELECT sno,sname,saddress,sphone

FROM student

步骤2　单击"运行"按钮执行 SQL 语句,运行结果如图 5-2 所示。

图 5-2　检索学生的学号、姓名、家庭住址和电话号码

3. 查询学生的学号、姓名、年龄和电话号码

步骤 1　在 Navicat for MySQL 平台中,单击工具栏上的"新建查询"按钮,打开一个空白的 SQL 脚本文件窗口,连接名选择"MySQL57",数据库名选择"gradem",输入以下 SQL 语句:

SELECT sno,sname,YEAR(NOW())－YEAR(sbirthday),sphone
FROM student

小提示

上述 SELECT 语句中的 YEAR(NOW())－YEAR(sbirthday)为计算学生年龄的表达式,其中 NOW()函数表示取当前系统日期,YEAR()函数取当前系统日期的年份,用当前日期的年份与学生出生日期的年份之差表示学生的年龄。

步骤 2　单击"运行"按钮执行 SQL 语句,运行结果如图 5-3 所示。

图 5-3　查询学生的学号、姓名、年龄和电话号码

步骤 3　运行结果计算年龄的列名显示为"YEAR(NOW())－YEAR(sbirthday)"，需要重新给列定义一个名字，也就是给列一个别名，可以将语句修改为：

SELECT sno,sname,YEAR(NOW())－YEAR(sbirthday) as age,sphone

FROM student

步骤 4　重新运行语句，运行结果如图 5-4 所示。

图 5-4　给年龄设定别名

小提示

当要改变结果集中列的名称时需要给列一个别名；组合或者计算出的列需要给定一个别名。给列指定别名的方法有如下几种：

(1)列名或表达式 AS 别名

(2)列名或表达式 别名

(3)别名＝列名或表达式

当别名中间含有空格时别名需用单引号引起来。例如：SELECT sno AS ′学号′ FROM student。

4. 查询学生所属的班级

步骤 1　在 Navicat for MySQL 平台中，单击工具栏上的"新建查询"按钮，打开一个空白的 SQL 脚本文件窗口，连接名选择"MySQL57"，数据库名选择"gradem"，输入以下 SQL 语句：

SELECT classno

FROM student

步骤 2　单击"运行"按钮执行 SQL 语句，运行结果如图 5-5 所示。

步骤 3　由于一个班级有多名学生，所以在学生表中检索学生所属的班级会出现重复的班级编号，需要使用"distinct"关键字从返回结果中去掉重复行，使结果集更清晰。可以将语句进行如下的修改：

图 5-5   查询学生所属的班级

SELECT DISTINCT classno
FROM student

步骤 4   重新运行语句,运行结果如图 5-6 所示。

图 5-6   使用 DISTINCT 关键字去掉重复值

5.检索所有女生的学号和姓名

数据表存在大量信息,在实际应用中一般只需要查询满足条件的部分数据,这就要用到 where 子句。where 子句可以限制查询的范围。

步骤 1   在 Navicat for MySQL 平台中,单击工具栏上的"新建查询"按钮,打开一个空白的 SQL 脚本文件窗口,连接名选择"MySQL57",数据库名选择"gradem",输入以下 SQL 语句:

```
SELECT sno,sname
FROM student
WHERE ssex='女'
```

步骤 2   单击"运行"按钮执行 SQL 语句。

小提示

where 子句的查询条件或限定条件中一定会用到比较运算符、空值判断符、模糊查询运算符、范围运算符、集合运算符和逻辑运算符。

比较运算符：$=$，$>$，$<$，$>=$，$<=$，$<>$，$!=$

空值判断符：IS NULL、IS NOT NULL

模糊查询运算符：LIKE,NOT LIKE

范围运算符：BETWEEN AND,NOT BETWEEN AND

集合运算符：IN,NOT IN

逻辑运算符：OR,AND,NOT

6.检索所有年龄小于 25 岁的学生的学号、姓名以及年龄

步骤 1   在 Navicat for MySQL 平台中，单击工具栏上的"新建查询"按钮，打开一个空白的 SQL 脚本文件窗口，连接名选择"MySQL57"，数据库名选择"gradem"，输入以下 SQL 语句：

```
SELECT sno,sname,YEAR(NOW())-YEAR(sbirthday) AS age
FROM student
WHERE YEAR(NOW())-YEAR(sbirthday) <25
```

步骤 2   单击"运行"按钮执行 SQL 语句。

7.检索电话号码为空的学生的学号和姓名

步骤 1   在 Navicat for MySQL 平台中，单击工具栏上的"新建查询"按钮，打开一个空白的 SQL 脚本文件窗口，连接名选择"MySQL57"，数据库名选择"gradem"，输入以下 SQL 语句：

```
SELECT sno,sname
FROM student
WHERE sphone IS NULL
```

步骤 2   单击"运行"按钮执行 SQL 语句。

小提示

空值通常表示未知、不可用或暂时未填入数据，它并不等同于 0 或空格，因此在查询中空值的判断不能用等号或不等号，而要使用 is null 或者 is not null。

8.检索所有姓"张"的学生的学号和姓名

在实际查询中有时查询条件不是具体的而是模糊的，这时需要在 WHERE 子句中使用 LIKE 关键字实现模糊查询。

LIKE 关键字用于查询与指定的字符串表达式相匹配的数据。LIKE 后面的表达式必须用单引号引起来，在进行模糊匹配时要使用通配符。常用的通配符见表 5-1。

表 5-1　　　　　　　　　　　　　　通配符及含义

通配符	含义
％	任意多个字符(包括 0 个)
＿	任意一个字符

例如:LIKE '张％'表示以"张"开头的任意字符串。

　　　　LIKE '％数据库％'表示包含"数据库"的任意字符串。

　　　　LIKE '张_'表示以"张"开头后面是一个字符的字符串。

在学生表中添加一条新记录:

INSERT student(sno,sname,ssex)

VALUES('201810220','张莎','男')

步骤 1　在 Navicat for MySQL 平台中,单击工具栏上的"新建查询"按钮,打开一个空白的 SQL 脚本文件窗口,连接名选择"MySQL57",数据库名选择"gradem",输入以下 SQL 语句:

SELECT sno,sname

FROM student

WHERE sname LIKE '张％'

步骤 2　单击"运行"按钮执行 SQL 语句,执行结果如图 5-7 所示。

图 5-7　查询所有姓"张"的学生的学号和姓名

9.查询姓"张",名字是 2 个字的学生的学号和姓名

步骤 1　在 Navicat for MySQL 平台中,单击工具栏上的"新建查询"按钮,打开一个空白的 SQL 脚本文件窗口,连接名选择"MySQL57",数据库名选择"gradem",输入以下 SQL 语句:

SELECT sno,sname

FROM student

WHERE sname LIKE '张_'

步骤 2　单击"运行"按钮执行 SQL 语句。

10. 检索不姓"张"的学生的学号和姓名

步骤 1　在 Navicat for MySQL 平台中，单击工具栏上的"新建查询"按钮，打开一个空白的 SQL 脚本文件窗口，连接名选择"MySQL57"，数据库名选择"gradem"，输入以下 SQL 语句：

SELECT sno,sname
FROM student
WHERE sname NOT LIKE '张%'

步骤 2　单击"运行"按钮执行 SQL 语句。

11. 查询电话号码中含有"-"的学生的学号、姓名和电话

步骤 1　在 Navicat for MySQL 平台中，单击工具栏上的"新建查询"按钮，打开一个空白的 SQL 脚本文件窗口，连接名选择"MySQL57"，数据库名选择"gradem"，输入以下 SQL 语句：

SELECT sno,sname,sphone
FROM student
WHERE sphone LIKE '%$-%' ESCAPE '$'

步骤 2　单击"运行"按钮执行 SQL 语句。

小提示

当要匹配的内容包含特殊字符时，可以使用 ESCAPE 定义转义字符，如本例，ESCAPE 定义"$"为转义字符，那么 LIKE 语句中"$"后面的符号"-"将作为普通的字符使用。

12. 查询家住大连的女生的学号、姓名以及家庭住址

当有多个条件时，需要在 WHERE 子句中用逻辑运算符将多个条件连接起来，常用的逻辑运算符有 AND，OR，NOT。AND 运算符表示逻辑"与"，只有连接的两个条件都为真时结果才为真；OR 运算符表示逻辑"或"，连接的两个条件只要有一个为真结果就为真；NOT 运算符表示逻辑"非"，表示对后面的条件取反。

步骤 1　在 Navicat for MySQL 平台中，单击工具栏上的"新建查询"按钮，打开一个空白的 SQL 脚本文件窗口，连接名选择"MySQL57"，数据库名选择"gradem"，输入以下 SQL 语句：

SELECT sno,sname,saddress
FROM student
WHERE saddress LIKE '%大连市%' AND ssex='女'

步骤 2　单击"运行"按钮执行 SQL 语句。

13. 查询"20160101"和"20160102"班的学生的学号和姓名

步骤 1　在 Navicat for MySQL 平台中，单击工具栏上的"新建查询"按钮，打开一个空白的 SQL 脚本文件窗口，连接名选择"MySQL57"，数据库名选择"gradem"，输入以下 SQL 语句：

SELECT sno,sname
FROM student
WHERE classno='20160101' OR classno='20160102'

步骤 2　单击"运行"按钮执行 SQL 语句。

14. 查询年龄在 24~26 岁的学生的学号和姓名

步骤 1　在 Navicat for MySQL 平台中,单击工具栏上的"新建查询"按钮,打开一个空白的 SQL 脚本文件窗口,连接名选择"MySQL57",数据库名选择"gradem",输入以下 SQL 语句:

SELECT sno,sname

FROM student

WHERE YEAR(NOW())−YEAR(sbirthday)>=24 AND YEAR(NOW())−YEAR(sbirthday)<=26

或者

SELECT sno,sname

FROM student

WHERE YEAR(NOW())−YEAR(sbirthday) BETWEEN 24 AND 26

步骤 2　单击"运行"按钮执行 SQL 语句。

小提示

查询某个范围内的数据可以使用 BETWEEN... AND,该语句一般用于比较数值类型的数据,BETWEEN 后面是范围的下限,AND 后面是范围的上限,下限值不能大于上限值,查询范围包括边界。

查询不在某个范围内的数据使用 NOT BETWEEN... AND,例如查询年龄不在 24~26 岁之间,语句为:WHERE YEAR(NOW())−YEAR(sbirthday) NOT BETWEEN 24 AND 26。

15. 查询 20160101,20160102 和 20160202 班的学生的学号和姓名

步骤 1　在 Navicat for MySQL 平台中,单击工具栏上的"新建查询"按钮,打开一个空白的 SQL 脚本文件窗口,连接名选择"MySQL57",数据库名选择"gradem",输入以下 SQL 语句:

SELECT sno,sname

FROM student

WHERE classno='20160101' OR classno='20160102' OR classno='20160202'

或者

SELECT sno,sname

FROM student

WHERE classno IN ('20160101','20160102','20160202')

步骤 2　单击"运行"按钮执行 SQL 语句。

> **小提示**

IN 搜索条件检索指定列表值的匹配行,多个值之间用逗号分开,等价于 or 连接的多个条件。NOT IN 表示不在指定列表中。

16. 查询学生的学号、姓名和出生日期,结果按出生日期降序排列

步骤 1　在 Navicat for MySQL 平台中,单击工具栏上的"新建查询"按钮,打开一个空白的 SQL 脚本文件窗口,连接名选择"MySQL57",数据库名选择"gradem",输入以下 SQL 语句:

```
SELECT sno,sname,sbirthday
FROM student
ORDER BY sbirthday DESC
```

步骤 2　单击"运行"按钮执行 SQL 语句。

> **小提示**

ORDER BY 用来对查询结果进行排序,列名后加排序方式,默认为升序排列,DESC 表示降序排列。ORDER BY 后面可以加多个列,列之间用逗号分开,但是排序方式必须分别加,首先按第一列排序,第一列相同按照第二列再进行排序,ORDER BY 后可以为列名,也可以为函数或表达式。在使用 ORDER BY 进行排序时空值认为是最小值。

17. 查询年龄最小的前两名学生的学号、姓名和出生日期

LIMIT 语句可以用于限制查询的数量,后面可以有一个或者两个数字参数,参数必须为整数常量。只定义一个参数表示返回的最大的记录条数。定义两个参数,第一个参数指定返回记录行的偏移量,第二个参数指定返回记录行的最大数目,初始记录行的偏移量为 0 而不是 1。例:LIMIT 2,5 表示从表中第 3 条记录开始的 5 条记录,也可以写成 LIMIT 5 OFFSET 2。

步骤 1　在 Navicat for MySQL 平台中,单击工具栏上的"新建查询"按钮,打开一个空白的 SQL 脚本文件窗口,连接名选择"MySQL57",数据库名选择"gradem",输入以下 SQL 语句:

```
SELECT sno,sname,sbirthday
FROM student
ORDER BY sbirthday DESC
LIMIT 2
```

步骤 2　单击"运行"按钮执行 SQL 语句。

同步活动:
(1)查询所有男生的信息。
(2)查询姓名中第 2 个字为"沧"的学生的个人信息。
(3)查询姓"白"、姓"田"和姓"王"的学生的信息。
(4)查询全体学生的情况,结果按所在班级升序排列,同一班级的按出生日期升序排列。
(5)查询年龄在前 3 位的学生的信息。

使用分组和汇总语句
浏览学生的统计信息

任务 5.2　使用分组和汇总语句浏览学生的统计信息

任务分析

在实际应用中检索并不是简单的查询,而是要对数据表中的数据进行统计,比如学生处要统计全校男、女生人数,这就需要进行分组汇总。分组需要使用 group by 子句,在进行汇总时需要使用聚合函数,聚合函数能够基于列进行计算,并返回单个数值,常用的聚合函数有:

(1)SUM():计算列值或表达式中所有值的总和。

(2)AVG():计算列值或表达式的平均值。

(3)MAX():计算列值或表达式的最大值。

(4)MIN():计算列值或表达式的最小值。

(5)COUNT():统计记录个数。

SUM()和 AVG()后的列或表达式的值必须为数值型;除了 COUNT()函数之外,如果没有满足 WHERE 子句的行,所有聚合函数都将返回一个空值。

本任务的功能要求如下:

按照用户要求对学生相关信息进行统计。

任务实施

1. 查询每名学生的总成绩,结果显示学号和总成绩

步骤 1　在 Navicat for MySQL 平台中,在 SQL 脚本文件窗口输入以下 SQL 语句:

```
SELECT sno 学号,SUM(grade) AS 总成绩
FROM sc
GROUP BY sno
```

步骤 2　单击"运行"按钮执行 SQL 语句,执行结果如图 5-8 所示。

小提示

GROUP BY 子句将查询结果按照某一列或多列值分组,分组列值相等的为一组,并对每一组进行统计。

2. 查询每名学生的平均分,结果显示学号和平均分

操作过程同上不再赘述,在 SQL 脚本文件窗口输入以下 SQL 语句并执行。

```
SELECT sno 学号,AVG(grade) AS 平均分
FROM sc
GROUP BY sno
```

图 5-8　查询每名学生的总成绩

3. 查询每门课程的最高成绩和最低成绩,结果显示课程号、最高成绩和最低成绩

在 SQL 脚本文件窗口输入以下 SQL 语句并执行。

SELECT cno 课程号,MAX(grade) AS 最高成绩,MIN(grade) AS 最低成绩

FROM sc

GROUP BY cno

小提示

MAX()返回表达式中的最大值,MIN()返回表达式中的最小值,这两个函数不仅可以用于数值类型数据,也可以用于字符型和日期时间类型的值。

4. 查询男、女生人数

在 SQL 脚本文件窗口输入以下 SQL 语句并执行。

SELECT ssex 性别,COUNT(*) 人数

FROM student

GROUP BY ssex

小提示

统计个数需要使用 COUNT()函数。COUNT 有两种形式:COUNT(*)用于计算表中总的行数,不管某列是否有数值或者是空值;COUNT(列名)用于计算指定列的值的个数,重复值不重复计算个数。

5. 查询平均分大于 85 分的课程的课程号和平均分

在 SQL 脚本文件窗口输入以下 SQL 语句并执行。

SELECT cno 课程号,AVG(grade) 平均分

FROM sc

GROUP BY cno HAVING AVG(grade)>85

小提示

当选择条件中包含聚合函数时必须使用 HAVING 子句,而 HAVING 子句必须与 GROUP BY 子句一起使用,用来实现对分组之后的结果进行筛选。HAVING 子句与 WHERE 子句功能有些类似,两者的区别在于 HAVING 子句中可以包含聚合函数,而 WHERE 子句不可以;WHERE 子句的条件在分组之前执行,HAVING 子句的条件在分组之后执行。

同步活动:

(1)查询学生总数。

(2)查询出每名学生的选课门数,结果显示选课门数大于两门的学生学号及选课门数。

(3)查询选修 002 课程的学生的最高分、最低分、总成绩、平均成绩。

(4)统计每个部门的教师总人数。

任务 5.3　使用多表连接语句浏览学生信息

任务分析

查询不仅可以在一个表上进行,也可以在多个表上进行。实际上,一个查询的相关数据往往存储在不同的表中,这样的查询就同时涉及两个或两个以上的表,这就要使用连接查询。例如要查询"王丽"同学的成绩就要用到学生表和选课表。

本任务的功能要求如下:

按照用户要求使用多表连接语句查询学生的相关信息。

微　课

使用多表连接语句
浏览学生信息

任务实施

1. 查询学生的学号、姓名和辅导员

在 SQL 脚本文件窗口输入以下 SQL 语句并执行。

```
SELECT sno,sname,header
FROM student,class
WHERE student. classno=class. classno
```

或者

```
SELECT sno,sname,header
FROM student JOIN class ON student. classno=class. classno
```

2. 查询选修"计算机基础"课程的学生的学号、姓名和成绩

在 SQL 脚本文件窗口输入以下 SQL 语句并执行。

```
SELECT student. sno,sname,grade
FROM student JOIN sc ON student. sno＝sc. sno
JOIN course ON sc. cno＝course. cno
WHERE cname ＝'计算机基础'
```

或者

```
SELECT student. sno,sname,grade
FROM student，sc,course
WHERE cname ＝'计算机基础'
        AND student. sno＝sc. sno
        AND sc. cno＝course. cno
```

小提示

（1）可以为连接查询的表指定别名，以简化语句的书写，为表加别名的语法格式如下：

表名［as］别名

上面的语句可写成：

```
SELECT a. sno,sname,grade
FROM student a, sc b,course c
WHERE cname ＝'计算机基础' AND a. sno＝b. sno AND b. cno＝c. cno
```

（2）当使用两个表中同名的列时，应在列名前加上表名，格式为：

表名. 列名

如果已经给表指定了别名，则必须使用别名，格式为：

表别名. 列名

3. 使用左外连接查询所有学生的成绩情况，结果显示学号、姓名、课程号和成绩

在 SQL 脚本文件窗口输入以下 SQL 语句并执行，执行结果如图 5-9 所示。

```
SELECT student. sno,sname,cno,grade
FROM student LEFT JOIN sc ON student. sno＝sc. sno
```

小提示

从结果中可以看到当学生没有选修课程，那么他的成绩信息都显示为 NULL，也就是左表中的信息全部显示出来，右表没有与之匹配的就用 NULL 来补充。

4. 使用右外连接查询所有课程的选修情况

在 SQL 脚本文件窗口输入以下 SQL 语句并执行。

```
SELECT ＊
FROM sc RIGHT JOIN course ON sc. cno＝ course. cno
```

小提示

左外连接和右外连接是两个互逆的过程，使用哪种形式由不受条件限制的表的位置决定，如果要显示全部记录的表在左边，则使用左外连接；如果要显示全部记录的表在右边，则使用右外连接。

图 5-9　左外连接查询结果

使用子查询和联合
查询语句浏览删除和
更新学生信息

任务 5.4　使用子查询和联合查询语句浏览、删除和更新学生信息

任务分析

　　数据查询和统计有时需要基于某次查询的结果再次进行查询和统计,也就是需要使用子查询。子查询不仅可以用在检索数据方面,还可以在更新和删除时使用子查询。有时也可以将多个查询的结果组合在一起显示,这就要使用联合查询。

　　本项目将使用子查询完成数据查询、数据的更新和删除,使用联合查询完成查询结果的组合。

任务实施

1. 查询选修"001"号课程且成绩低于该门课程平均成绩的学生学号

在 SQL 脚本文件窗口输入以下 SQL 语句并执行。

```
SELECT sno
FROM sc
WHERE cno='001' AND grade<(SELECT AVG(grade)
FROM sc
    WHERE cno='001')
```

2. 查询选修了"计算机基础"课程的学生的学号及成绩

在 SQL 脚本文件窗口输入以下 SQL 语句并执行。

```
SELECT sno,grade
FROM sc
WHERE cno=( SELECT cno
FROM course
WHERE cname='计算机基础')
```

3. 查询年龄比"20160101"班所有学生年龄都大的学生的学号和姓名

在 SQL 脚本文件窗口输入以下 SQL 语句并执行。

```
SELECT sno,sname
FROM student
WHERE YEAR(NOW())-YEAR(sbirthday)>ALL(SELECT YEAR(NOW())-
YEAR(sbirthday)
FROM student
WHERE classno='20160101')
```

或者

```
SELECT sno,sname
FROM student
WHERE YEAR(NOW())-YEAR(sbirthday)>(SELECT MAX(YEAR(NOW())-
YEAR(sbirthday))
FROM student
WHERE classno='20160101')
```

4. 查询所有选修"001"号课程的学生的学号和姓名

在 SQL 脚本文件窗口输入以下 SQL 语句并执行。

```
SELECT sno,sname
FROM student
WHERE sno IN (SELECT sno
FROM sc
WHERE cno='001')
```

小提示

本例也可以使用连接查询来完成,语句如下:

```
SELECT sc.sno,sname
FROM student,sc
WHERE student.sno=sc.sno AND cno='001'
```

5. 查询没有选修"001"号课程的学生的学号和姓名

在 SQL 脚本文件窗口输入以下 SQL 语句并执行。

```
SELECT sno,sname
FROM student
WHERE sno NOT IN (SELECT sno
FROM sc
WHERE cno='001')
```

小提示

本例不可以使用下面的连接查询来完成。

```
SELECT sc.sno,sname
FROM student,sc
WHERE student.sno=sc.sno AND cno<>'001'
```

6. 查询成绩高于平均分的学生的学号和课程号

在 SQL 脚本文件窗口输入以下 SQL 语句并执行。

```
SELECT sno,cno
FROM sc a
WHERE grade > (SELECT AVG(grade)
                FROM sc b
                WHERE a.cno=b.cno)
```

小提示

因为成绩必须高于每门课程的平均成绩,所以外层每执行一次,内层都要查询与外层课程号相同的课程的平均分,查询出的平均分作为外层的条件。这种内层用到外层字段的查询为相关子查询。由于内层和外层使用相同的表,所以要给表定义别名。

7. 查询选修了全部课程的同学的姓名

在 SQL 脚本文件窗口输入以下 SQL 语句并执行。

```
SELECT sname
FROM student
WHERE NOT EXISTS(SELECT *
    FROM course
      WHERE NOT EXISTS(SELECT *
              FROM sc
              WHERE sc.cno=course.cno
AND student.sno=sc.sno))
```

EXISTS 谓词用于测试子查询的结果是否为空,若子查询的结果不为空,则 EXISTS 返回 TRUE,否则返回 FALSE。EXISTS 还可与 NOT 结合使用。在使用 EXISTS 查询时一般只关心子查询是否有结果,而不关心子查询查询出来的结果是什么,所以子查询的 SELECT 语句后一般用"*"。

8. 查询所有女生的姓名、学号以及与"2016010101"号学生的年龄差距

在 SQL 脚本文件窗口输入以下 SQL 语句并执行。

SELECT sno 学号,sname 姓名，YEAR(sbirthday)-YEAR((SELECT sbirthday
                            FROM student
WHERE sno＝′2016010101′)) AS 年龄差距
FROM student
WHERE ssex＝′女′

9. 查询与"2016010101"号学生性别相同、出生日期相同的学生的学号和姓名

在 SQL 脚本文件窗口输入以下 SQL 语句并执行。

SELECT sno 学号,sname 姓名
FROM student
WHERE (ssex,sbirthday)＝(SELECT ssex,sbirthday FROM student WHERE sno＝
′2016010101′) AND sno<>′2016010101′

> **小提示**

子查询返回的不是单值,也不是值的集合,而是一行值,通常叫作行子查询。在使用时多个字段要用括号括起来,之间用逗号分开。

10. 一行一行地浏览 student 表中性别是"女"的内容

在 SQL 脚本文件窗口中按如下步骤操作:

步骤 1   首先打开表。执行语句:

HANDLER student OPEN;

步骤 2   读取满足条件的第一行记录。

HANDLER student READ FIRST
WHERE ssex＝′女′;

步骤 3   执行结果如图 5-10 所示。

图 5-10   HANDLER 浏览数据执行结果

步骤 4   读取下一条记录。

HANDLER student READ NEXT WHERE ssex＝′女′;

步骤5 关闭数据表。

HANDLER student CLOSE；

小提示

HANDLER 语句是 MySQL 专用的语句，HANDLER 语句只适用于 MyISAM 和 InnoDB 表。使用 HANDLER 语句时，首先要使用"HANDLER 表名 OPEN"语句打开表，再使用 READ 语句浏览打开的表，行读取结束后必须使用"HANDLER 表名 CLOSE"语句来关闭表。

11. 使用联合查询查询出"2016010101"和"2018010101"两位同学的信息

在 SQL 脚本文件窗口输入以下 SQL 语句并执行。

SELECT *

FROM student

WHERE sno='2016010101'

UNION

SELECT *

FROM student

WHERE sno='2016020101'

12. 将学生"白沧铭"的成绩全部提高 5 分

在 SQL 脚本文件窗口输入以下 SQL 语句并执行。

UPDATE sc

SET grade=grade+5

WHERE sno=(SELECT sno FROM student WHERE sname='白沧铭')

13. 将"2016010101"号学生的家庭住址修改为"辽宁省铁岭市"，并把该学生"001"号课程的成绩提高 2 分

在 SQL 脚本文件窗口输入以下 SQL 语句并执行。

UPDATE sc,student

SET saddress='辽宁省铁岭市',grade=grade+2

WHERE sc. sno='2016010101' AND cno='001' AND sc. sno=student. sno

14. 删除没有选课的学生的基本信息

在 SQL 脚本文件窗口输入以下 SQL 语句并执行。

DELETE FROM student

WHERE sno NOT IN(SELECT sno FROM sc)

15. 删除"2016010102"号学生的基本信息及选课信息

在 SQL 脚本文件窗口输入以下 SQL 语句并执行。

DELETE student,sc

FROM student,sc

WHERE student. sno='2016010102' AND sc. sno=student. sno

小提示

DELETE 语句删除多个表中数据的语法格式如下：

DELETE 表名 1,表名 2,…

FROM 表名 1,表名 2,…

WHERE 条件

DELETE 后面的表表示要删除数据所在的表,FROM 后面的表是条件中使用的表。

16. 将 student 表复制到 student1 表并清空 student1 表

在 SQL 脚本文件窗口按如下步骤操作：

步骤 1　复制表 student,语句如下：

CREATE TABLE student1 AS (select * from student)

步骤 2　使用 TRUNCATE TABLE 语句清空表中数据,语句如下：

TRUNCATE TABLE student1

项目实训　图书销售管理数据库的查询

一、实训的目的和要求

1. 掌握 SELECT 查询语句格式。
2. 掌握条件语句的格式。
3. 掌握分组和汇总语句的格式。
4. 掌握连接查询语句的格式。
5. 掌握子查询和联合查询语句的格式。

二、实训内容

1. 查询图书的库存信息,结果按库存数量降序排列。
2. 查询图书的名称、库存数量及图书单价。
3. 查询库存数量大于或等于 100 的图书的图书编号和图书名称。
4. 查询图书单价在 30 到 50 元之间的图书的图书编号和图书名称。
5. 查询 pr01,pr02,pr03 供应商供应的图书的图书编号及购入数量。
6. 查询联系电话为空的出版社的名称及地址。
7. 查询图书的库存信息,结果按库存数量降序排列。
8. 查询图书的库存信息,结果显示库存量最大的三条数据。
9. 查询所有姓"王"的作者所出版的图书的库存情况。
10. 查询每个出版社库存的图书的平均单价和库存总数量。
11. 一条条浏览图书的信息。
12. 查询每个出版社出版的图书的平均销售数量,结果显示出版社名称和平均销售数量。

13. 查询出"清华大学出版社"出版的图书的销售情况。

14. 查询出每个入库单的购入总数量及总价格,并筛选出总价格大于 10 000 元的入库单号、购入总数量及总价格。

15. 查询出图书购入单价大于图书编号为"b0001"的图书的入库单价的图书编号、入库日期及购入数量。

16. 将"清华大学出版社"出版的图书的销售单价提高 5 元。

17. 删除"清华大学出版社"出版的图书的销售信息。

18. 复制图书库存表,新表名为"图书基本信息表",然后清空"图书基本信息表"。

项目总结

查询是使用最频繁的操作,本项目主要介绍了浏览数据的方法,详解介绍了 SELECT 语句的格式,分组与汇总的使用,连接查询以及子查询。通过本项目学习,学生学会了使用基本查询、条件查询、模糊查询;学会了使用子查询、聚合函数、连接查询(包括内连接、外连接、交叉连接、联合查询)等。

思考与练习

一、选择题

1. SELECT 语句中使用(   )关键字可以将重复行去掉。

A. ORDER BY   B. HAVING   C. TOP   D. DISTINCT

2. SELECT 语句中的(   )子句只能配合 GROUP BY 子句使用。

A. ORDER BY   B. HAVING   C. TOP   D. DISTINCT

3. 在存在下列关键字的 SQL 语句中不可能出现 WHERE 子句的是(   )。

A. UPDATE   B. DELETE   C. INSERT   D. ALTER

4. 在 WHERE 子句的条件表达式中,可以匹配 0 到多个字符的通配符是(   )。

A. *   B. %   C. —   D. ?

5. 要查询 book 表中所有书名中以"计算机"开头的书籍的价格,可用(   )语句。

A. SELECT price FROM book WHERE book_name ＝'计算机＊'

B. SELECT price FROM book WHERE book_name LIKE'计算机＊'

C. SELECT price FROM book WHERE book_name ＝'计算机％'

D. SELECT price FROM book WHERE book_name LIKE'计算机％'

6. 在 SQL 语言中,下列涉及空值的操作(AGE 为字段名),不正确的是(   )。

A. age IS NULL   B. age IS NOT NULL

C. age ＝NULL   D. NOT(age IS NULL)

7. SQL 的聚集函数 COUNT,SUM,AVG,MAX,MIN 不允许出现在查询语句的(   )子句之中。

A. SELECT   B. HAVING

C. GROUP BY…HAVING   D. WHERE

8. 以下聚合函数用来求数据总和的是(　　)。

A. MAX　　　　　　B. SUM　　　　　　C. COUNT　　　　　　D. AVG

9. SELECT 语句用于从表中查询数据,其完整语法较复杂,但至少包括的部分是(　　)。

A. 仅 SELECT　　　　　　　　　B. SELECT FROM

C. SELECT GROUP　　　　　　　D. SELECT INTO

10. SQL 语句中的条件用以下哪一项来表达?(　　)

A. THEN　　　　　　B. WHILE　　　　　　C. WHERE　　　　　　D. IF

11. 以下能够删除一列的是(　　)。

A. ALTER table emp REMOVE addcolumn

B. ALTER table emp DELETE addcolumn

C. ALTER table emp DELETE COLUMN addcolumn

D. ALTER table emp DROP addcolumn

12. 如果要删除数据库中已经存在的表 s,可用(　　)。

A. DELETE TABLE s　　　　　　B. DELETE s

C. DROP s　　　　　　　　　　D. DROP table s

13. 查找条件为"姓名不是 NULL 的记录",可用(　　)。

A. WHERE name！NULL　　　　　B. WHERE name NOT NULL

C. WHERE name IS NOT NULL　　D. WHERE name！＝NULL

14. 在 SQL 语言中,子查询是(　　)。

A. 选取单表中字段子集的查询语句

B. 选取多表中字段子集的查询语句

C. 返回单表中数据子集的查询语言

D. 嵌入另一个查询语句之中的查询语句

15. 组合多条 SQL 查询语句形成组合查询的操作符是(　　)。

A. SELECT　　　　　　B. ALL　　　　　　C. LINK　　　　　　D. UNION

16. 以下哪项是用来分组的?(　　)

A. ORDER BY　　　　　　　　　B. GROUP BY

C. ORDERED BY　　　　　　　　D. GROUPED BY

17. 以下删除记录的语句正确的是(　　)。

A. DELETE FROM emp WHERE name＝'don'

B. DELETE ＊ FROM emp WHERE name＝'don'

C. DROP FROM emp WHERE name＝'don'

D. DROP ＊ FROM emp WHERE name＝'don'

18. 按照姓名降序排列的语句是(　　)。

A. ORDER BY DESC name　　　　B. ORDER BY name DESC

C. ORDER BY ASC name　　　　　D. ORDER BY name ASC

19. SELECT COUNT(sal)FROM emp GROUP BY dept 的意思是(　　)。

A. 求每个部门的工资　　　　　　　　B. 求每个部门中工资的大小

C. 求每个部门中工资的总和　　　　　D. 求每个部门中工资的个数

20. 有三个表,它们的记录行数分别是 10 行,2 行和 6 行,三个表进行交叉连接后,结果集中共有(　　)行数据。

A. 18　　　　　　　B. 26　　　　　　　C. 120　　　　　　　D. 不确定

二、填空题

1. 补全语句:SELECT vend_id,COUNT(*) AS num_prods FROM products GROUP BY _____。

2. 用 SELECT 进行模糊查询时,可以使用匹配符,但要在条件中使用_____或%等通配符来配合查询。

3. 在 SELECT 语句的 FROM 子句中可以指定多个表,相互之间要用_____分隔。

4. 补全语句:SELECT vend_id, count (*) FROM products WHERE prod_price GROUP BY vend_id _____ COUNT(*)>=2。

5. 计算字段累加和的函数是_____。

项目 6

优化学生信息管理数据库

重点和难点

1. 索引的概念和作用；
2. 索引的分类；
3. 索引的创建与管理；
4. 视图的概念和作用；
5. 视图的创建与管理。

学习目标

【知识目标】
1. 理解索引的概念和作用；
2. 掌握索引的创建和管理；
3. 理解视图的概念和作用；
4. 掌握视图的创建和管理。

【技能目标】
1. 具备创建和管理索引的能力；
2. 具备创建和管理视图的能力。

素质目标

1. 具有较强的安全法制意识；
2. 具有一定的创新精神。

项目概述

　　学生信息管理数据库中存储着大量的数据,随着数据库被不断使用,数据量会越来越大,而要在庞大的数据中查询用户需要的那部分数据则需要逐条遍历所有记录,并进行比较,直到找到满足条件的记录为止,可想而知这需要耗费一定的时间,降低了查询效率。而要解决这一问题,可以在表中创建索引。

　　同时由于不同的用户感兴趣的数据不同,为了简化用户的操作,缩小数据操作范围,可以通过在学生信息管理数据库中创建视图来实现。

　　本项目将以学生信息管理数据库 gradem 为例,重点讲解索引和视图的建立与使用。通过本项目的学习,学生将理解索引的概念和作用、视图的概念和作用,并掌握视图和索引的创建与管理。

知识储备

知识点 1　　视图概述

　　视图是从一个或者几个基本表或者视图中导出的虚拟表,是从现有基本表中抽取若干子集组成用户的"专用表",这种构造方式使用 SQL 语言中的 SELECT 语句来实现。视图与基本表不同,视图不对数据进行实际存储,数据库中只存储视图的定义。用户对视图的数据进行操作时,系统会根据视图的定义去操作相关联的基本表。对视图的操作与对基本表的操作相似,可以查询数据、录入数据、更新数据和删除数据。当对视图进行录入、更新和删除后,基本表的数据也会随之发生变化,同样基本表的数据发生变化,与之相关联的视图也随之变化。

1.使用视图的优点

　　(1)简化用户的操作,使操作变得更简单。在实际应用中用户往往只关心自己感兴趣的那部分数据,对于经常使用的这些数据,用户就可以将其封装在一个视图中。

　　(2)简化用户权限的管理。只需为不同的用户分配不同的视图,授予用户使用视图的权限,而不必指定用户只能使用某些列的权限,这也可以增加安全性。

　　(3)提高数据的逻辑独立性。如果没有视图,应用程序一定是建立在数据表上的。有了视图后,应用程序就可以建立在视图之上,从而使应用程序和数据表在逻辑上是分离的。

2.创建视图的原则

　　(1)只能在当前数据库中创建视图。

　　(2)视图名称须遵循标识符规则,并且必须与数据库中的任何其他视图名或表名不同。对于每个用户,视图名必须是唯一的,即对不同用户,即使是定义相同的视图也必须使用不同的名字。

　　(3)可基于其他视图创建视图。

　　(4)不能基于临时表创建视图。

知识点 2　视图的管理与维护

1. 创建视图

视图在数据库中是作为一个对象来存储的。用户在创建视图前要保证自己具有使用 CREATE VIEW 语句的权限，并且有权操作视图所涉及的表或其他视图，其语法格式如下：

CREATE[OR REPLACE] VIEW ＜视图名＞[(＜列名＞ [,＜列名＞]...)]

AS＜SELECT 查询＞

[WITH [CASCADED|LOCAL] CHECK OPTION]

视图的管理与维护

说明：

（1）OR REPLACE：可选项，表示可以替换已有的同名视图。

（2）VIEW：创建视图的关键字。

（3）AS：引导创建视图的 SQL 查询语句。

（4）SELECT 查询：用来创建视图的 SELECT 语句。

（5）WITH CHECK OPTION：可选项，在视图基础上使用的插入、修改、删除语句，必须满足创建视图时 SELECT 查询中的 WHERE 子句的条件，这样可以确保数据修改后，仍可通过视图看到修改的数据。WITH CHECK OPTION 给出 CASCADED 和 LOCAL 两个可选参数，它们决定了检查测试的范围。LOCAL 表示只对定义的视图进行检查，CASCADED 表示对所有视图进行检查，默认为 CASCADED。

（6）视图名后的列可以省略，若省略了视图名后的列，则视图结果集中的列为 SELECT 查询中的列。

若指定视图中的列，则视图中列的数目必须与 SELECT 查询中列的数目相等。

2. 查看视图

查看视图是查看数据库中已经存在的视图的定义。查看视图必须有 SHOW VIEW 的权限。

（1）使用 DESCRIBE 语句查看视图的基本信息，语法格式如下：

DESCRIBE 视图名

（2）使用 SHOW TABLE STATUS 语句查看视图的基本信息，语法格式如下：

SHOW TABLE STATUS LIKE 视图名

（3）使用 SHOW CREATE VIEW 语句查看视图的基本信息，语法格式如下：

SHOW CREATE VIEW '视图名'

（4）在 VIEWS 表中查看视图的详细信息。

在 MySQL 中，information_schema 数据库下的 VIEWS 表存储了所有视图的定义。通过对 VIEWS 表进行查询，可以查看数据库中所有视图的详细定义，语句格式如下：

SELECT ＊ FROM information_schema. VIEWS

3. 修改视图

修改视图是修改视图的定义，MySQL 通过 CREATE OR REPLACE VIEW 语句和 ALTER VIEW语句修改视图。

（1）使用 CREATE OR REPLACE VIEW 修改视图

语法格式如下：

CREATE OR REPLACE VIEW 视图名[字段名,...]
AS SELECT 语句 [WITH [CASCADED|LOCAL] CHECK OPTION]

（2）使用 ALTER VIEW 语句修改视图

语法格式如下：

ALTER VIEW <视图名>[(<列名> [,<列名>]...)]
AS<SELECT 查询>
[WITH CHECK [CASCADED|LOCAL] OPTION]

4. 查询视图中的数据

视图被创建后，就可以如同查询基本表那样对视图进行查询。

语法格式如下：

SELECT 列名列表 FROM 视图名

5. 更新视图中的数据

由于视图是一个虚拟的表，所以更新视图数据其实就是更新基本表中的数据。不是所有的视图都可以进行数据更新的，更新视图时要特别小心，否则可能导致不可预期的后果。

（1）不可更新视图

如果视图中包含以下结构中的一种则视图不可更新。

①聚合函数。

②含有 DISTINCT 关键字。

③含有 GROUP BY,ORDER BY 和 HAVING 子句。

④含有 UNION 运算符。

⑤位于选择列表中的子查询。

⑥FROM 语句中含有多个表。

⑦SELECT 语句中引用了不可更新的视图。

⑧WHERE 子句中的子查询引用了 FROM 子句中的表。

⑨ALGORITHM 选项指定为 TEMPTABLE。

（2）更新视图中的数据

①插入数据

使用 INSERT 语句通过视图向基本表中插入数据。语法格式如下：

INSERT 视图名(列名)
VALUES(值列表)

小提示

在创建视图的时候如果加上了 WITH CHECK OPTION 子句，在插入数据时就会检查插入的数据是否符合视图定义时的条件。当视图所依赖的基本表有多个时，不能通过视图向基本表中插入数据。

②更新数据

使用 UPDATE 语句通过视图修改基本表中的数据。语法格式如下：

UPDATE 视图名

SET 字段名＝值或表达式

小提示

若一个视图依赖于多个基本表，则修改一次视图只能变动一个基本表中的数据。

③删除视图中数据

使用 DELETE 语句通过视图删除基本表中的数据。语法格式如下：

DELETE FROM 视图名 WHERE 条件

小提示

对依赖于多个基本表的视图，不能使用 DELETE 语句来进行数据的删除。

6. 删除视图

当视图不再需要时，可以将其删除，删除视图可以使用 DROP VIEW 语句。语法格式如下：

DROP VIEW [IF EXISTS] 视图名，视图名，...

[RESTRICT|CASCADE]

知识点 3　索引概述

1. 索引的含义

数据库中的索引类似于书中的目录，表中的数据类似于书的内容。读者可以通过书的目录快速查找到某些内容。索引是一种可以加快检索速度的结构。在数据库中，程序使用索引可以快速检索到表中的数据，而不必扫描整个表。

索引是根据表中一列或若干列按照一定顺序建立的列值与记录行之间的对应关系。在列上创建了索引后，查找数据时就可以直接根据该列的索引找到对应行的位置，从而快速地找到数据。

例如在学生表（student）中创建了学号（sno）列上的索引，MySQL 将在索引中排序学号列，对于索引中的每一项，MySQL 在内部为它保存一个数据文件中实际记录所在位置的指针。因此，如果要查找学号为"2016010101"的学生信息，MySQL 将在索引中找到"2016010101"的值，然后直接转到数据文件中相应的行，准确地返回该行的数据。

2. 索引的分类

根据索引列的内容，MySQL 的索引分为以下四类：

（1）普通索引

普通索引是最基本的索引类型，该类型索引没有唯一性之类的限制，它允许在定义索引的列中插入重复值和空值，它的作用只是加快数据的检索速度。

（2）唯一索引和主键索引

唯一索引与普通索引类似，只是唯一索引要求索引列的值都必须是唯一的。如果列允许为空,空值也只能出现一次。

主键索引也是一种唯一索引,但每个表中只能有一个主键索引,在创建表时指出的主键就是主键索引。

(3)全文索引

全文索引用于全文检索,只有 MyISAM 表类型支持全文索引。全文索引只能在 CHAR,VARCHAR 和 TEXT 类型的列中创建。

(4)空间索引

空间索引是针对空间数据类型的字段建立的索引。MySQL 中有四种空间数据类型:GEOMETRY,POINT,LINESTRING 和 POLYGON。创建空间索引的列必须为 NOT NULL,并且空间索引只能在 MyISAM 的表中创建。

根据索引列的数目,MySQL 的索引又可分为单列索引和复合索引。

(1)单列索引是指索引中只包含一个列,一个表可以包含多个单列索引。

(2)复合索引是指索引创建在多个列的组合上。

3. 索引的设计原则

索引设计得不合理将会对数据库的性能造成障碍。设计索引时应考虑以下原则:

(1)经常频繁访问的列应创建索引。

(2)避免对经常更新的表创建过多的索引。

(3)数据量不大的表应尽量避免创建索引。

(4)应在频繁进行排序或分组的列上建立索引。

知识点4　索引的管理和维护

MySQL 支持使用多种方法在单个或多个列上创建索引。在创建表的定义语句 CREATE TABLE 中指定索引列,使用 ALTER TABLE 语句在已存在的表上创建索引或者使用 CREATE INDEX 语句在已存在的表上添加索引。

微课

索引的管理与维护

1. 使用 CREATE TABLE 语句在创建表时创建索引

使用 CREATE TABLE 语句创建表时,除了可以定义列的数据类型,还可以定义主键约束、外键约束或者唯一约束,而不论创建哪种约束,在定义约束的同时相当于在指定的列上创建了一个指定约束。语法格式如下:

```
CREATE TABLE 表名(
字段名 数据类型 [完整性约束条件],...
PRIMARY KEY (字段名,...),                    /*主键索引*/
INDEX|KEY[索引名](字段名,...[ASC|DESC]) /*普通索引*/
|[UNIQUE|FULLTEXT|SPATIAL][INDEX|KEY][索引名](字段名,...[ASC|DESC])
/*唯一索引/全文索引/空间索引*/
)
```

参数说明：

(1)UNIQUE|FULLTEXT|SPATIAL：可选参数,分别表示唯一索引、全文索引、空间索引。

(2)INDEX|KEY：INDEX 和 KEY 是同义词,作用相同,用来指定创建索引。

(3)ASC|DESC：表示索引字段的排序规则。

2. 用 CREATE INDEX 语句创建索引

使用 CREATE INDEX 语句在已存在的表上添加索引。一个表可以创建多个索引。语法格式如下：

CREATE [UNIQUE|FULLTEXT|SPATIAL] INDEX 索引名[索引类型] ON 表名(索引列名,...)

参数说明同上。

3. 使用 ALTER TABLE 语句创建索引

ALTER TABLE 语句用于修改表,在修改表的时候可以向表中添加索引,语法格式如下：

ALTER TABLE 表名

ADD PRIMARY KEY (字段名,...[ASC|DESC])

| ADD INDEX|KEY [索引名](字段名,...[ASC|DESC])

| ADD [UNIQUE|FULLTEXT|SPATIAL][INDEX|KEY][索引名](字段名,...[ASC|DESC])

参数说明同上。

4. 删除索引

MySQL 中删除索引时可使用 ALTER TABLE 语句或者 DROP INDEX 语句。

(1)使用 ALTER TABLE 语句删除索引

ALTER TABLE 语句的语法格式如下：

ALTER TABLE 表名

|DROP PRIMARY KEY |DROP INDEX 索引名

> **小提示**

DROP INDEX 子句可以删除各种类型的索引,使用 DROP PRIMAR KEY 子句不需要提供索引名称,因为一个表只有一个主键。

(2)使用 DROP INDEX 语句删除索引

DROP INDEX 语句的语法格式如下：

DROP INDEX 索引名 ON 表名

5. 查看索引

使用 SHOW INDEX 语句查看表中的索引,语法结构如下：

SHOW INDEX FROM 表名

> **小提示**

如果表中删除了列,则索引可能会受到影响。如果所删除的列为索引的组成部分,则该列也会从索引中删除。如果组成索引的所有列都被删除,则整个索引将被删除。

任务 6.1 维护学生信息管理数据库的视图

学生信息管理数据库中的数据存储在多个基本表中,然而用户只针对基本表中感兴趣的一部分数据进行操作。为了简化用户的操作,缩小数据操作范围,可以在学生信息管理数据库系统中创建视图来实现。

本任务的功能要求如下:

(1)创建"20160101"班学生基本信息视图,视图名为"v_student20160101"。

(2)使用 Navicat for MySQL 平台修改视图"v_student20160101",使视图中包含学号、姓名字段。

(3)使用 Navicat for MySQL 平台查看、添加、修改、删除视图"v_student20160101"中的数据。

(4)使用 Navicat for MySQL 平台删除视图"v_student20160101"。

(5)使用 CREATE VIEW 语句创建视图"v_student20160101"。

(6)使用语句查看视图"v_student20160101"。

(7)使用语句修改视图"v_student20160101"。

(8)使用语句查询视图"v_student20160101"中的数据。

微 课

使用 Navicat for MySQL
平台创建视图

(9)更新视图"v_student20160101"中的数据。

(10)使用 DROP VIEW 语句删除视图。

1. 使用 Navicat for MySQL 平台创建"20160101"班学生基本信息视图,视图名为"v_student20160101"

步骤 1 启动 Navicat for MySQL 平台,右击"MySQL57",在弹出的快捷菜单中选择"打开连接"命令。右击"gradem"数据库,在弹出的快捷菜单中选择"打开数据库"命令,展开数据库。

步骤 2 单击视图,在右侧区域选择"新建视图",打开"新建视图"窗口。在"新建视图"窗口中单击"视图创建工具",打开"视图创建工具"窗口,如图 6-1 所示。

步骤 3 双击左侧的"student"表,将"student"表添加进去(或者在语句窗口中单击FROM 后面的"<按这里添加表>",在弹出的下拉列表中选择"student"表),如图 6-2 所示。

步骤 4 在右侧的表中单击"student"表前面的复选框选中表中所有字段,也可以选中每个字段前的复选框(也可以在下方语句处单击 SELECT 后面的"<按这里添加字段>"来添加字段),如图 6-3 所示。

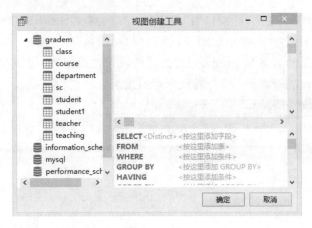

图 6-1 "视图创建工具"窗口

图 6-2 添加表

图 6-3 添加条件

步骤 5 再单击 WHERE 后面的"<-->",打开编辑窗口,选择"列表"选项卡,如图 6-4 所示。

步骤 6 选择"student. classno"字段,然后单击"确定"按钮,将 student. classno 添加到 WHERE 条件后,再单击"＝"右侧的"<-->",在编辑窗口中的"编辑"选项卡下,输入 "'20160101'",然后单击"确定"按钮,完成后的结果如图 6-5 所示。

图 6-4 列表编辑窗口

图 6-5 完成设置

步骤 7　单击"视图创建工具"窗口的"确定"按钮，回到视图编辑窗口中，如图 6-6 所示。

步骤 8　单击"保存"按钮，弹出如图 6-7 所示的"视图名"对话框。

步骤 9　输入视图的名字"v_student20160101"，单击"确定"按钮保存视图。创建完成之后展开数据库"gradem"下的视图，就会看见创建的视图。

图 6-6　设置完成后的视图编辑窗口

图 6-7　"视图名"对话框

2. 使用 Navicat for MySQL 平台修改视图"v_student20160101"，使视图中包含学号、姓名字段

步骤 1　选中视图"v_student20160101"，右击，在弹出的快捷菜单中选择"设计视图"命令，打开"视图设计"窗口，此窗口与创建时的窗口一样，在此窗口中单击"视图创建工具"，可以打开"视图创建工具"窗口，在此窗口可以与创建时一样进行操作。

步骤 2　修改完成后在"视图创建工具"窗口中单击"确定"按钮。回到"视图设计"窗口，单击"保存"按钮完成视图的修改。

3. 使用 Navicat for MySQL 平台查看、添加、修改、删除视图"v_student20160101"中的数据

(1)查看和添加数据

步骤 1　选中视图"v_student20160101"，右击，在弹出的快捷菜单中选择"打开视图"命令，即可查看视图中的数据，如图 6-8 所示。

步骤 2　在打开的视图数据窗口中，单击下面的"＋"按钮，添加一个空白的数据行，输入数据"刘敏 2019010101"，然后单击下面的"√"按钮，完成数据的修改。

(2)修改学号为"2019010101"的学生的姓名为"刘明"

步骤 1　选中视图"v_student20160101"，右击，在弹出的快捷菜单中选择"打开视图"命令，打开视图的数据编辑窗口。

步骤 2　选中要修改的记录，然后到 sname 列中修改姓名为"刘明"。

步骤 3　单击下面的"√"按钮，完成数据的修改。

图 6-8   查看视图数据

（3）删除学号"2019010101"的学生信息

步骤 1   选中视图"v_student20160101"，右击，在弹出的快捷菜单中选择"打开视图"命令，打开视图的数据编辑窗口。

步骤 2   选中要删除的记录，单击"－"按钮，在弹出的"确认删除"对话框中单击"删除一条记录"按钮，完成记录的删除。

4. 使用 Navicat for MySQL 平台删除视图"v_student20160101"

步骤 1   选中视图"v_student20160101"，右击，在弹出的快捷菜单中选择"删除视图"命令（也可以选中视图，单击"删除视图"按钮），打开"确认删除"对话框，如图 6-9 所示。

图 6-9   "确认删除"对话框

步骤 2   单击"删除"按钮，删除视图。

5. 使用 CREATE VIEW 语句创建视图"v_student20160101"

步骤 1   在 Navicat for MySQL 平台单击工具栏上的"新建查询"，打开一个空白的 SQL脚本文件窗口，连接名选择"MySQL57"，数据库名选择"gradem"，输入以下 SQL 语句：

CREATE VIEW v_student20160101

AS

SELECT *

FROM student

WHERE classno='20160101'

WITH LOCAL CHECK OPTION

步骤 2   单击"运行"按钮执行 SQL 语句。完成后，右击"导航窗格"数据库"gradem"下的"视图"，在弹出的快捷菜单中选择"刷新"，如图 6-10 所示。

图 6-10 "刷新"命令

6. 使用语句查看视图"v_student20160101"

(1)使用 DESCRIBE 语句查看视图"v_student20160101"中字段的信息。

步骤1 在 Navicat for MySQL 平台 SQL 脚本文件窗口中,连接名选择"MySQL57",数据库名选择"gradem",输入以下 SQL 语句:

DESCRIBE v_student20160101

步骤2 单击"运行"按钮执行 SQL 语句,运行结果如图 6-11 所示。

图 6-11 使用 DESCRIBE 语句查看视图信息

(2)使用 SHOW TABLE STATUS 语句查看视图"v_student20160101"的基本信息。

步骤1 在 Navicat for MySQL 平台 SQL 脚本文件窗口中,连接名选择"MySQL57",数据库名选择"gradem",输入以下 SQL 语句:

SHOW TABLE STATUS LIKE ′v_student20160101′

步骤 2　单击"运行"按钮执行 SQL 语句,运行结果如图 6-12 所示。

图 6-12　使用 SHOW TABLE STATUS 语句查看视图信息

(3)使用 SHOW CREATE VIEW 语句查看视图"v_student20160101"的基本信息。

步骤 1　在 Navicat for MySQL 平台 SQL 脚本文件窗口中,连接名选择"MySQL57",数据库名选择"gradem",输入以下 SQL 语句:

SHOW CREATE VIEW v_student20160101

步骤 2　单击"运行"按钮执行 SQL 语句,运行结果如图 6-13 所示。

图 6-13　使用 SHOW CREATE VIEW 语句查看视图信息

(4)在 VIEWS 表中查看所有视图的详细信息。

步骤 1　在 Navicat for MySQL 平台 SQL 脚本文件窗口中,连接名选择"MySQL57",数据库名选择"gradem",输入以下 SQL 语句:

SELECT ＊ FROM information_schema.VIEWS

步骤 2　单击"运行"按钮执行 SQL 语句,运行结果如图 6-14 所示。

图 6-14　在 VIEWS 表中查看所有视图信息

7. 使用语句修改视图"v_student20160101"

(1)使用 CREATE OR REPLACE VIEW 修改视图"v_student20160101",使视图中只包含学号和姓名字段。

步骤 1　在 Navicat for MySQL 平台 SQL 脚本文件窗口中,连接名选择"MySQL57",数据库名选择"gradem",输入以下 SQL 语句:

```
CREATE OR REPLACE VIEW v_student20160101
AS
SELECT sno,sname
FROM student
WHERE classno='20160101'
```

步骤 2　单击"运行"按钮执行 SQL 语句,运行结果如图 6-15 所示。

图 6-15　使用 CREATE OR REPLACE VIEW 语句修改视图

（2）使用 ALTER VIEW 语句修改视图。

步骤 1　在 Navicat for MySQL 平台 SQL 脚本文件窗口中，连接名选择"MySQL57"，数据库名选择"gradem"，输入以下 SQL 语句：

```
ALTER VIEW v_student20160101
AS
SELECT sno,sname
FROM student
WHERE classno='20160101'
```

步骤 2　单击"运行"按钮执行 SQL 语句，完成视图的修改。

8. 使用语句查询视图"v_student20160101"中的数据

步骤 1　在 Navicat for MySQL 平台 SQL 脚本文件窗口中，连接名选择"MySQL57"，数据库名选择"gradem"，输入以下 SQL 语句：

```
SELECT * FROM v_student20160101
```

步骤 2　单击"运行"按钮执行 SQL 语句。

9. 更新视图"v_student20160101"中的数据

（1）使用 INSERT 语句通过视图向基本表中插入数据。

步骤 1　在 Navicat for MySQL 平台 SQL 脚本文件窗口中，连接名选择"MySQL57"，数据库名选择"gradem"，输入以下 SQL 语句：

```
INSERT v_student20160101 VALUES('2016030102','赵明');
```

步骤 2　单击"运行"按钮执行 SQL 语句。

小提示

执行语句 SELECT * FROM v_student20160101，在运行结果中发现不包含刚刚插入的信息，因为插入的数据不满足创建视图时的条件，但是使用语句 SELECT * FROM student 会看到"student"表中包含上述数据。如果创建视图时加上 WITH CHECK OPTION，运行上面的"INSERT v_student20160101 VALUES('2016030102','赵明');"语句，会发现数据无法插入视图中。

（2）使用 UPDATE 语句通过视图修改基本表中的数据。

步骤 1　在 Navicat for MySQL 平台 SQL 脚本文件窗口中，连接名选择"MySQL57"，数据库名选择"gradem"，输入以下 SQL 语句：

```
UPDATE v_student20160101
SET sname='白沧铭'
WHERE sno='2016010101';
```

步骤 2　单击"运行"按钮执行 SQL 语句，执行结果如图 6-16 所示。

（3）使用 DELETE 语句通过视图删除基本表中的数据。

步骤 1　在 Navicat for MySQL 平台 SQL 脚本文件窗口中，连接名选择"MySQL57"，数据库名选择"gradem"，输入以下 SQL 语句：

```
DELETE FROM v_student20160101
WHERE sno='2016010101';
```

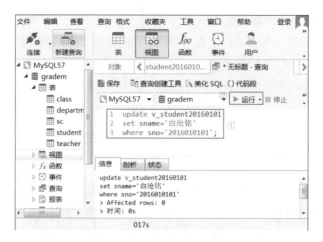

图 6-16　使用 UPDATE 语句修改视图中数据

步骤 2　单击"运行"按钮执行 SQL 语句,执行结果如图 6-17 所示。

图 6-17　使用 DELETE 语句删除视图中数据

10. 使用 DROP VIEW 语句删除视图

步骤 1　在 Navicat for MySQL 平台 SQL 脚本文件窗口中,连接名选择"MySQL57",数据库名选择"gradem",输入以下 SQL 语句:

DROP VIEW v_student20160101;

步骤 2　单击"运行"按钮执行 SQL 语句。

任务 6.2　维护学生信息管理数据库的索引

任务分析

现在学生信息管理数据库中的数据表已经建立完成,并且存在大量数据行,为了提高查询效率,需要在表中创建索引并维护索引。

本任务的功能要求如下:

(1)使用 CREATE TABLE,ALTER TABLE 和 CREATE INDEX 语

微 课

维护学生信息管理
数据库的索引

句创建索引。

(2)使用 SHOW INDEX 语句查看 student1 表中的索引。

(3)使用 ALTER TABLE,DROP INDEX 语句删除表中的索引。

任务实施

1. 使用 CREATE TABLE,ALTER TABLE 和 CREATE INDEX 语句创建索引

(1)创建 student1 表,表结构与 student 表相同,在 student1 表的 sno 列上建立主键索引,在 sname 列上创建唯一索引,在 classno 列上创建普通单列索引。

步骤 1　在 Navicat for MySQL 平台 SQL 脚本文件窗口中,连接名选择"MySQL57",数据库名选择"gradem",输入以下 SQL 语句:

```
CREATE TABLE student1(
Sno CHAR(10),
sname CHAR(8) not null,
ssex CHAR(2),
sbirthday DATE,
saddress VARCHAR(40),
spostcode CHAR(6),
sphone CHAR(18),
classno CHAR(8),
PRIMARY KEY(sno),
UNIQUE INDEX index_sname(sname),
INDEX index_classno(classno desc ) ) ;
```

步骤 2　单击"运行"按钮执行 SQL 语句。

(2)在已有表 student 的 sname 列上创建唯一索引。

步骤 1　在 Navicat for MySQL 平台 SQL 脚本文件窗口中,连接名选择"MySQL57",数据库名选择"gradem",输入以下 SQL 语句:

```
ALTER TABLE student
ADD UNIQUE index_sname(sname desc);
```

步骤 2　单击"运行"按钮执行 SQL 语句,执行结果如图 6-18 所示。

(3)使用 CREATE INDEX 语句在 class 表的 classname 列上创建唯一索引。

步骤 1　在 Navicat for MySQL 平台 SQL 脚本文件窗口中,连接名选择"MySQL57",数据库名选择"gradem",输入以下 SQL 语句:

```
CREATE UNIQUE INDEX index_class
ON class(classname)
```

步骤 2　单击"运行"按钮执行 SQL 语句,执行结果如图 6-19 所示。

2. 使用 SHOW INDEX 语句查看 student1 表中的索引

步骤 1　在 Navicat for MySQL 平台 SQL 脚本文件窗口中,连接名选择"MySQL57",数据库名选择"gradem",输入以下 SQL 语句:

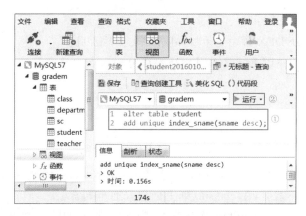

图 6-18　使用 ALTER TABLE 语句创建索引

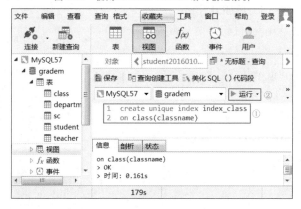

图 6-19　使用 CREATE INDEX 语句创建索引

SHOW INDEX FROM student1

步骤 2　单击"运行"按钮执行 SQL 语句，执行结果如图 6-20 所示。

图 6-20　使用 SHOW INDEX 语句查看 student1 表中的索引

3. 使用 ALTER TABLE,DROP INDEX 语句删除 student1 表上的索引

(1)使用 ALTER TABLE 语句删除 student1 表上的主键索引。

步骤 1　在 Navicat for MySQL 平台 SQL 脚本文件窗口中，连接名选择"MySQL57"，数据库名选择"gradem"，输入以下 SQL 语句：

ALTER TABLE student1

DROP PRIMARY KEY；

步骤 2 单击"运行"按钮执行 SQL 语句，执行结果如图 6-21 所示。

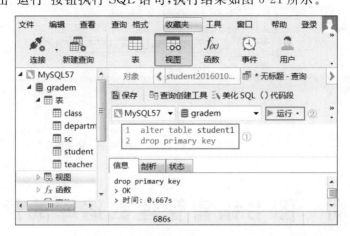

图 6-21 使用 ALTER TABLE 语句删除 student1 表上的主键索引

（2）使用 ALTER TABLE 语句删除 student1 表上的唯一索引 index_sname。

步骤 1 在 Navicat for MySQL 平台 SQL 脚本文件窗口中，连接名选择"MySQL57"，数据库名选择"gradem"，输入以下 SQL 语句：

ALTER TABLE student1

DROP INDEX index_sname

步骤 2 单击"运行"按钮执行 SQL 语句，执行结果如图 6-22 所示。

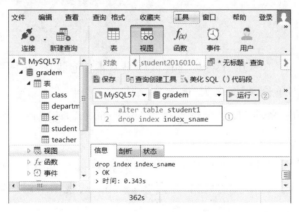

图 6-22 使用 ALTER TABLE 语句删除 student1 表上的唯一索引

（3）使用 DROP INDEX 语句删除索引 student1 表上的普通索引 index_classno。

步骤 1 在 Navicat for MySQL 平台 SQL 脚本文件窗口中，连接名选择"MySQL57"，数据库名选择"gradem"，输入以下 SQL 语句：

DROP INDEX index_classno ON student1

步骤 2 单击"运行"按钮执行 SQL 语句，执行结果如图 6-23 所示。

图 6-23 使用 DROP INDEX 语句删除 student1 表上的普通索引

项目实训 图书销售管理数据库的优化操作

一、实训的目的和要求

1. 掌握视图的创建和管理。
2. 掌握索引的创建和管理。

二、实训内容

1. 使用 Navicat for MySQL 平台创建存放图书基本信息视图,视图中包括图书编号、图书名称、ISBN、作者、图书单价,视图名为"view_book"。

2. 使用 Navicat for MySQL 平台修改视图"view_book",使视图中包括图书编号、图书名称、作者、图书单价。

3. 使用 Navicat for MySQL 平台查看、添加、修改、删除视图"view_book"中的数据。

(1)查看视图"view_book"中的数据,并向"view_book"视图中添加数据"b0007 三国演义罗贯中 56.5"。

(2)修改图书编号为"b0007"的图书单价为 78。

(3)删除图书编号为"b0007"的图书信息。

4. 使用 Navicat for MySQL 平台删除视图"view_book"

5. 使用 CREATE VIEW 语句创建视图"view_book",视图存放图书基本信息,包括图书编号、图书名称、ISBN、作者、图书单价。

6. 使用 SQL 语句查看视图的相关信息。

(1)使用 DESCRIBE 语句查看视图"view_book"中字段的信息。

（2）使用 SHOW TABLE STATUS 语句查看视图"view_book"的基本信息。

（3）使用 SHOW CREATE VIEW 语句查看视图"view_book"的基本信息。

（4）在 VIEWS 表中查看所有视图的详细信息。

7. 使用 SQL 语句修改视图。

（1）使用 CREATE OR REPLACE VIEW 修改视图"view_book"，使视图中包含图书编号、图书名称、作者、图书单价。

（2）使用 ALTER VIEW 语句修改视图"view_book"，使视图中包含图书编号、图书名称、作者、图书单价、出版日期。

8. 使用 SQL 语句查询视图"view_book"中的数据。

9. 更新视图"view_book"中的数据。

（1）使用 INSERT 语句通过视图向基本表中插入数据："b0007　三国演义　罗贯中　56.5　2016.10.1"。

（2）使用 UPDATE 语句通过视图修改基本表中的数据，将图书编号为"b0007"的图书单价修改为78。

（3）使用 DELETE 语句通过视图删除基本表中的数据，删除图书编号为"b0007"的图书信息。

10. 使用 DROP VIEW 语句删除视图"view_book"。

11. 使用 SQL 语句创建索引。

（1）创建图书库存表 book1，表结构与图书库存表相同，在 book1 表的"bookid"列上建立主键索引，在"ISBN"列上创建唯一索引，在"publishid"列上创建普通单列索引。

（2）在已有表图书库存表 book 的"ISBN"列上创建唯一索引。

（3）使用 create index 语句在图书库存表 book 的"bookdate"列上创建普通索引，排序规则降序。

12. 使用 SHOW INDEX 语句查看 book1 表中的索引。

13. 使用 ALTER TABLE 语句删除 book1 表上的主键索引。

14. 使用 ALTER TABLE 语句删除 book1 表上的唯一索引。

15. 使用 DROP INDEX 语句删除 book1 表上的普通索引。

项目总结

视图可以简化用户操作，提高用户的查询效率，同时，视图从另一方面增强了数据的安全性和可靠性。使用索引可以提高查询速度。本项目主要介绍了视图的概念、视图的优点、创建视图的原则、索引的含义、索引的分类、索引的设计原则。通过本项目的学习，学生掌握了创建视图的方法以及视图的管理，学会了索引的创建以及索引的管理。

思考与练习

一、选择题

1. 数据库中只存放视图的(　　)。

A. 操作　　　　　　B. 对应的数据　　　　C. 定义　　　　　　D. 限制

2. 以下关于视图的描述中，正确的是(　　)。

A. 视图独立于表文件　　　　　　　　　B. 视图可以删除

C. 视图只能从一个表派生出来　　　　　D. 视图不可更新

3. 下列关于"视图"的叙述中，错误的是(　　)。

A. 可以依据视图创建视图

B. 视图是虚表

C. 使用视图可以加快查询语句的执行速度

D. 使用视图可以简化查询语句的编写

4. 设 s_avg(sno,avg_grade)是一个基于 sc 定义的学号和平均成绩的视图，下面对该视图的操作语句中，正确的是(　　)。

Ⅰ. UPDATE s_avg SET avg_grade＝90 WHERE sno＝′2004101010′

Ⅱ. SELECT sno,avg_grade FROM s_avg WHERE sno＝′2004101010′

A. Ⅰ不能正确执行　　　　　　　　　B. Ⅱ不能正确执行

C. Ⅰ和Ⅱ都不能正确执行　　　　　　D. Ⅰ和Ⅱ都能正确执行

5. 在视图上不能完成的操作是(　　)。

A. 更新视图　　　　　　　　　　　　B. 查询视图

C. 在视图上定义新的基本表　　　　　D. 在视图上定义新视图

6. 删除一个视图的命令是(　　)。

A. DELECT　　　　B. DROP　　　　C. CLEAR　　　　D. UNION

7. 为了使索引建的值在基本表中唯一，在创建索引的语句中应使用关键字(　　)。

A. UNIQUE　　　　B. DISTINCT　　　C. CLEAR　　　　D. UNION

8. 在关系型数据库中，视图是三级模式结构中的(　　)。

A. 内模式　　　　B. 外模式　　　　C. 模式　　　　　D. 存储模式

9. 在关系型数据库中，为了简化用户的查询操作，则应该创建的数据库对象是(　　)。

A. 表　　　　　　B. 索引　　　　　C. 游标　　　　　D. 视图

10. CREATE UNIQUE INDEX index_wri ON 作者信息表(作者编号)语句创建了一个(　　)。

A. 唯一索引　　　　B. 全文索引　　　C. 空间索引　　　D. 普通索引

11. 创建全文索引的关键字是(　　)。

A. FULLTEXT　　　B. ENGINE　　　C. INDEX　　　　D. UNIQUE

12. UNIQUE 索引的作用是(　　)。

A. 保证各行在该索引上的值都不得重复

B. 保证各行在该索引上的值都不得为 NULL

C.保证参加唯一索引的各列,不得再参加其他的索引

D.保证唯一索引不能被删除

13.可以在创建表时用(　　)来创建唯一索引,也可以用(　　)来创建唯一索引。

A. CREATE TABLE ,CREATE INDEX

B.设置主键约束,设置唯一约束

C.设置主键约束, CREATE INDEX

D.以上都可以

14.为数据表创建索引的目的是(　　)。

A.提高查询的检索性能　　　　　　　B.归类

C.创建唯一索引　　　　　　　　　　D.创建主键

15.创建视图的命令是(　　)。

A. ALTER VIEW　　　　　　　　　　B. ALTER TABLE

C. CREATE TABLE　　　　　　　　　D. CREATE VIEW

二、填空题

1.视图是从＿＿＿＿＿＿＿＿＿＿＿＿中导出的表,数据库中实际存放的是视图的＿＿＿＿＿＿,而不是视图对应的数据。

2.当对视图进行 UPDATE,INSERT 和 DELETE 操作时,为了保证被操作的行为满足视图定义中子查询语句的谓词条件,应在视图定义语句中使用可选项＿＿＿＿＿＿＿＿。

3.如果在视图中删除或修改一条记录,则相应的＿＿＿＿＿＿中的记录也随着视图更新。

4.在创建唯一索引时,应保证创建索引的列不包括重复的数据,并且没有两个或两个以上的空值。如果有这种数据,必须先将其＿＿＿＿＿＿,否则索引不能创建成功。

三、简答题

1.简述索引的作用。

2.视图与表有何不同?

3.简述视图的优、缺点。

项目 7

管理和维护学生信息管理数据库的存储过程

重点和难点

1. 存储过程概述及分类；
2. 创建与维护存储过程的语法格式；
3. 变量、常量、运算符和表达式的使用；
4. 游标的使用；
5. 流程控制语句的使用。

学习目标

【知识目标】

1. 理解存储过程和存储函数；
2. 掌握创建存储过程和存储函数的语法格式；
3. 掌握变量、常量、运算符和表达式的使用；
4. 掌握游标的使用；
5. 掌握流程控制语句的使用。

【技能目标】

1. 具备使用 SQL 语句创建存储过程和存储函数的能力；
2. 具备使用 SQL 语句维护存储过程和存储函数的能力。

素质目标

1. 具有良好的社会公德修养；
2. 具有良好的工匠精神。

项目概述

　　学生信息管理数据库中,教师和学生可以查询相同的数据,这样便出现大量重复的操作,每个人都要重复编写查询语句,降低了查询效率。另一方面,教师和学生可以对数据库中所有数据进行录入、查询、更新、删除操作,这样使数据库信息很不安全,为了解决这些问题,本项目引入了存储过程,通过存储过程隐藏表的细节,提高数据库系统安全性。

　　在 MySQL 中可以定义一段完成某个特定功能的程序存放在数据库中,由数据库管理系统来执行,这样的程序段称为存储过程,它是最重要的数据库对象之一。

　　通过本项目的学习,学生将理解存储过程的定义及分类;变量、常量、运算符表达式的使用;游标的使用,掌握流程控制语句的使用以及存储过程和存储函数的创建与维护。

知识储备

知识点 1　存储过程与存储函数概述

1. 存储过程概念

　　存储过程是在数据库中定义一些完成特定功能的 SQL 语句集合,经编译后存储在数据库中。存储过程可包含变量、流程控制语句及各种 SQL 语句。它们可以包含输入参数、输出参数,可以返回单个或者多个结果。一个存储过程就是一个可编程的函数,它在数据库中创建并保存。当希望在不同的应用程序或平台上执行相同的函数或者封装特定功能时,存储过程是非常有用的。

2. 存储过程的优点

　　在 MySQL 中存储过程具有以下几个优点:

　　(1)存储过程增强了 SQL 语句的功能和灵活性。存储过程可以用流程控制语句编写,有很强的灵活性,可以完成复杂的判断和较复杂的运算。

　　(2)存储过程被创建后,可以在程序中被多次调用,而不必重新编写。而且数据库管理人员可以随时对存储过程进行修改,不会影响应用程序。

　　(3)存储过程是预编译的,在首次运行存储过程时进行编译和优化,以后每次执行存储过程都不需要再重新编译。而一般 SQL 语句每执行一次就编译一次,所以使用存储过程可提高数据库执行速度。

　　(4)存储过程可以减少网络流量。针对同一个数据库对象的操作,如果这一操作涉及的语句被组织成一个存储过程,那么当客户在计算机上调用该存储过程时,网络中传送的只是该调用语句,从而大大减少了网络流量并降低了网络负载。

　　(5)存储过程可被作为一种安全机制充分利用。系统管理员通过执行某一存储过程的权限,能够实现对相应数据访问权限的限制,避免非授权用户对数据的访问,保证数据的安全。

3.存储函数

存储函数与存储过程很相似,也是由 SQL 和过程式语句组成的代码片段,并且可以从应用程序和 SQL 中调用。它们的区别是:

(1)存储函数不能拥有输出参数,因为存储函数本身就是输出参数。

(2)不能用 CALL 语句来调用存储函数。

(3)存储函数必须包含一条 RETURN 语句,而存储过程中不能包含。

知识点 2　创建与维护存储过程及存储函数

1.创建存储过程

创建存储过程的语法格式如下:

CREATE PROCEDURE 存储过程名([参数,...])[特征,...]

存储过程体

参数说明:

(1)存储过程名:用户自定义的存储过程的名称,默认在当前数据库中创建。如果要在特定的数据库中创建,需要在存储过程名前面加上数据库的名称。格式为:

数据库名.存储过程名

(2)参数:可选项。可以有 0 个或者多个参数,没有参数时后面的"( )"不能省略。每个参数的格式为:

[IN][OUT][INOUT] 参数名 数据类型

微　课

创建存储过程

　　IN 是输入参数,OUT 是输出参数,INOUT 既可以充当输入参数,也可以充当输出参数,默认参数为 IN 类型;参数名是参数的名称,参数的名字不要等于列的名字,如果等于,虽然不会报错,但是存储过程中 SQL 语句会将参数名看作列名,从而导致不可预知的后果;类型表示参数的类型。当有多个参数时,各个参数之间用逗号分隔。

(3)特性:可选项特性参数的基本语法格式如下:

LANGUAGE SQL

| [NOT] DETERMINISTIC

| { CONTAINS SQL | NO SQL | READS SQL DATA | MODIFIES SQL DATA }

| SQL SECURITY { DEFINER | INVOKER }

| COMMENT 'string'

①LANGUAGE SQL:说明存储过程体部分是由 SQL 语句组成的。

②DETERMINISTIC:表示存储过程对同样的输入参数产生相同的结果,设置为 NOT DETERMINISTIC 则表示会产生不确定的结果。默认为 NOT DETERMINISTIC。

③CONTAINS SQL:表示存储过程不包含读写数据的语句。

④NO SQL:表示存储过程不包含 SQL 语句。

⑤READS SQL DATA:表示存储过程包含读数据的语句。

⑥MODIFIES SQL DATA:表示存储过程包含写数据的语句。

⑦SQL SECURITY:指明谁有权限执行存储过程,DEFINER 表示只有定义者才能执行,INVOKER 表示拥有权限的调用者可以执行,默认情况下的值为 DEFINER。

⑧COMMENT ′string′:对存储过程的描述,string 为描述内容。

(4)存储过程体:调用存储过程时要执行的语句。可以使用所有的 SQL 语句类型,包括所有的 DLL,DCL 和 DML 语句,也允许使用过程式语句,包括变量、流程控制语句等。多条语句要使用 BEGIN 语句开头,以 END 语句结束。每个 SQL 语句都是以分号为结尾的。

小提示

存储过程中可以将 SQL 语句编译保存在数据库中,使用的时候直接调用,这大大提高了执行效率,同时降低了网络数据传输量,但是存储过程也不可以大量的使用。在使用时要注意以下几点:

(1)各版本的数据库在存储过程中语法有可能不一样,不利于数据库的移植。

(2)版本不好控制,不能进行多人协同开发,不方便调试。

(3)不能把核心业务或经常发生变化的功能放在存储过程中。

2.调用存储过程

存储过程创建完成后,可以在程序、触发器或者存储过程中被调用,调用时都必须使用 CALL 语句。其语法格式如下:

CALL 存储过程名([参数 1,...])

其中参数列表为调用该存储过程使用的参数,其个数必须与定义存储过程时的参数个数相同。

3.创建存储函数

创建存储函数使用 CREATE FUNCTION 语句,语法格式如下:

CREATE FUNCTION 存储函数名 ([参数,...]) RETURNS TYPE [特征,...]
存储函数体

参数说明:

(1)存储函数的定义格式和存储过程相差不大。

(2)存储函数不能拥有与存储过程相同的名字。存储函数的参数只有名称和类型,不能指定 IN,OUT,INOUT。

(3)RETURNS TYPE:声明函数返回值的数据类型。

(4)存储函数体:所有在存储过程中使用的 SQL 语句在存储函数中也适用,包含流程控制语句、游标等,但是存储函数体中必须包含 RETURN value 语句,value 为存储函数的返回值。

4.存储函数的调用

调用存储函数的方法和使用系统的内置函数一样,使用 SELECT 语句就可以查看函数的返回值。语法格式如下:

SELECT * FROM 存储函数名([参数])

5.查看存储过程或存储函数的状态

使用 SHOW STATUS 语句可以查看存储过程和函数的状态,其基本语法格式如下:

SHOW PROCEDURE| FUNCTION STATUS [LIKE ′字符串′]

参数说明：

（1）SHOW PROCEDURE 表示查看存储过程；SHOW FUNCTION 表示查看存储函数。

（2）LIKE '字符串'：可选项，表示匹配存储过程或函数的名称。如果没有指定，则查看所有存储过程或函数的信息。

6. 使用 SHOW CREATE 语句查看存储过程和存储函数的定义

MySQL 还可以使用 SHOW CREATE 语句查看存储过程和函数的状态，其基本语法格式如下：

SHOW CREATE PROCEDURE| FUNCTION 存储过程名或函数名

7. 从 information_schema. Routines 表中查看存储过程和存储函数的信息

MySQL 中存储过程和函数的信息存储在 information_schema 数据库下的 Routines 表中，可以通过查询该表的记录查询存储过程和函数的信息。语法格式如下：

SELECT * FROM information_schema. Routines

WHERE ROUTINE_NAME='存储过程名或函数名'

8. 修改存储过程和存储函数

使用 ALTER 语句可以修改存储过程或存储函数的特性，其语法格式如下：

ALTER PROCEDURE|FUNCTION 存储过程名或存储函数名［特征,...]

小提示

如果要修改存储过程或存储函数的内容，则可以使用先删除再重新定义的方法。

9. 删除存储过程和存储函数

删除存储过程和存储函数可以使用 DROP 语句，语法格式如下：

DROP PROCEDURE|FUNCTION [IF EXISTS][数据库名.]存储过程名或存储函数名

IF EXISTS 子句是 MySQL 的扩展，当存储函数或存储过程不存在时，可以避免发生错误。

知识点3　变量、常量、运算符和表达式

1. 常量

常量是指在程序运行过程中值不变的量。常量分为数值常量、字符串常量、日期时间常量、布尔常量、十六进制常量等，见表 7-1。

表 7-1　　　　　　　　　　　　　　常量类型表

类型	说明	举例
整型常量	没有小数点	60,25,−365
浮点型常量	定点和浮点两种表达形式	15.63,−200.25,123E−3,−12E5
字符串常量	存在于单引号或双引号中的字符序列	'学生','student'
日期时间常量	用单引号引起来	'2020-3-25','May 12 2008'
布尔常量	两个值：TRUE 和 FALSE	TRUE,FALSE
十六进制常量	使用前缀 0x 后跟十六进制字符表示	0xF12,0x1A2,0x567

2. 变量

变量指在程序运行过程中值可以发生变化的量。常用于保存程序运行过程中的计算结果或输入/输出结果。变量有名字及其数据类型两个属性。变量的数据类型确定了该变量存放值的格式及允许的运算。MySQL 中变量分为用户变量和系统变量。

(1) 用户变量

用户自定义的变量即用户变量。用户变量在使用前必须先定义和初始化，没有初始化的变量的值为 NULL。用户变量与连接有关，一个客户端定义的变量不能被其他客户端看到或使用。当客户端退出时，该客户端连接的所有变量将自动释放。

定义变量的语句为：

SET @变量名 1＝expression1，@变量名 2＝expression2

expression1，expression2 为给变量附的值，可以是常量、变量或表达式。

例如：

SET @user＝'张三'，@password＝123456;

SET @password＝@password＋1;

SELECT @password;

运行结果如图 7-1 所示。

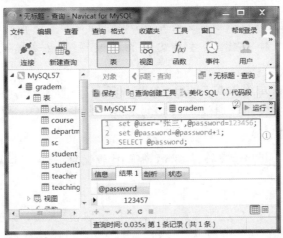

图 7-1　用户变量的使用

小提示

也可以使用 DECLARE 声明局部变量，语法格式为：

DECLARE 变量名 数据类型 DEFAULT 值;

DEFAULT 表示默认值，可以没有默认值，DECLARE 声明的是局部变量，可以使用 SET 语句对局部变量赋值。不同于用户变量，声明局部变量不需要在变量名前使用@符号，并且仅能在过程体中使用。

(2) 系统变量

MySQL 有一些特定的设置，当 MySQL 数据库服务器启动的时候，这些设置被读取来决定下一步骤。例如有些设置定义了数据如何被存储，有些设置则影响到处理速度，还有些与日期有关，这些设置就是系统变量。和用户变量一样，系统变量也是一个值和一个数据类型，但不同的是,系统变量在 MySQL 数据库服务器启动时就被引入并初始化为默认值,用户可以直接使用。

例如,获得现在使用的 MySQL 版本,语句为:"SELECT @@version;",运行结果为图 7-2 所示。

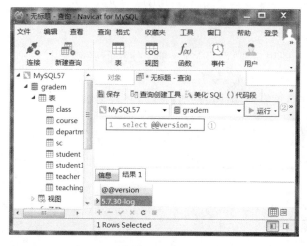

图 7-2　系统变量的使用

小提示

大多数系统变量在使用时必须在变量名前加两个@符号才能正确返回该变量的值,而为了与其他 SQL 产品保持一致,某些特定的系统变量是要省略这两个@符号的。如 CURRENT_DATE(系统日期)。

在 MySQL 中,有些系统变量的值是不可以改变的,例如 VERSION 和 CURRENT_DATE。而有些系统变量是可以通过 SET 语句来修改的,例如 SQL_WARNINGS。

3.运算符和表达式

MySQL 提供了如下几类运算符:算术运算符、比较运算符、逻辑运算符、位运算符。

(1)算术运算符

算术运算符有+(加)、-(减)、*(乘)、/(除)和%(取模)五个,参与运算的数据是数值类型数据,其运算结果也是数值类型数据。另外,加(+)和减(-)运算符也可用于对日期型数据进行运算,还可进行值性字符数据与数值类型数据进行运算。

(2)比较运算符

常用的比较运算符有>(大于)、>=(大于或等于)、=(等于)、<>(不等于)、<(小于)、<=(小于或等于)、!=(不等于)。比较运算符用于测试两个相同类型表达式的顺序、大小、相同与否。比较运算符可以用于所有的表达式,即用于数值大小的比较、字符串在字典排列顺序的比较、日期数据前后的比较。比较运算结果有三种值:正确(TRUE)、错误(FALSE)、未知(UNKNOWN)。

(3)逻辑运算符

逻辑运算符用于对某个条件进行测试,以获得其真实情况。逻辑运算符和比较运算符一样,返回带有 TRUE 或 FALSE 值的布尔数据类型。逻辑表达式用于 IF 语句和 WHILE 语句的条件、WHERE 子句和 HAVING 子句的条件,见表 7-2。

表 7-2　　　　　　　　　　　　　　　　　逻辑运算符

运算符	含义
AND	如果两个逻辑表达式都是 TRUE,则运算结果是 TRUE
OR	如果两个逻辑表达式中的一个为 TRUE,则运算结果是 TRUE
NOT	对任何其他布尔运算符的值取反
XOR	如果包含的值或表达式一个为 TRUE,另一个为 FLASE,结果为 TRUE,否则为 FLASE

(4)位运算符

位运算符包括 &(位与)、|(位或)、ˆ(位异或)、~(位取反)、>>(位右移)、<<(位左移)。位运算符在两个表达式之间执行位操作,这两个表达式的结果可以是整数或整数兼容的数据类型。

(5)运算符优先级

当一个复杂的表达式有多个运算符时,运算符优先性决定执行运算的先后次序。执行的顺序可能严重地影响所得到的最终值。相关运算符的优先级见表 7-3。

表 7-3　　　　　　　　　　　　　　　　　运算符优先级

优先级	运算符
1	~(位取反),+(正),-(负)
2	*(乘),/(除),%(取模)
3	+(加),-(减)
4	=,>,<,>=,<=,<>,! =,! >,! <(比较运算符)
5	ˆ(位异或),|(位或)
6	NOT
7	AND
8	ALL,ANY,BETWEEN,IN,LIKE,OR,SOME
9	=(赋值)

(6)表达式

表达式可以是常量、函数、列名、变量、运算符、子查询等的组合。表达式通常可以得到一个值。与常量和变量一样,表达式的值也具有某种数据类型。

知识点 4　游标

一条 SELECT 语句返回的是多行数据,如果要一条一条地处理数据,就必须引入游标。游标允许应用程序对查询语句返回的结果集中每一行进行相同或不同的操作,而不是一次对整个结果集进行同一种操作。

MySQL 支持简单的游标。游标一定要在存储过程或函数中使用,不能单独在查询中使用。使用一个游标需要用到四条特殊语句:DECLARE CUR-

微　课

游标

SOR(声明游标),OPEN(打开游标),FETCH(读取游标)和 CLOSE(关闭游标)。如果使用 DECLARE CURSOR 语句声明了一个游标,这样就把它连接到一个由 SELECT 语句返回的结果集中。使用 OPEN CURSOR 语句打开这个游标,接着可以用 FETCH CURSOR 语句把产生的结果一行一行地读取到存储过程或存储函数中。游标相当于一个指针,它指向当前的一行数据,使用 FETCH CURSOR 语句可以把游标移动到下一行。当处理完所有的行时,使用 CLOSE CURSOR 语句关闭游标。

使用游标的操作步骤以及语法结构如下:

(1)声明游标

DECLARE 游标名 CURSOR FOR SELECT 语句;

(2)打开游标

游标声明完后,要使用游标就必须先打开游标。在程序中游标可以打开多次,由于其他的用户或程序可能在此期间更新了表,就可能使每次打开的结果不同。

OPEN 游标名;

(3)读取数据

游标打开后,就可以使用 FETCH...INTO 语句从中读取数据。

FETCH 游标名 INTO 变量名...;

小提示

FETCH...INTO 语句与 SELECT...INTO 语句具有相同的意义,FETCH 语句是将游标指向的一行数据赋给一些变量,子句中变量的数目必须等于声明游标时 SELECT 子句中列的数目。变量名是存放数据的变量。

(4)关闭游标

游标使用完后,要及时关闭。关闭游标使用 CLOSE 语句,格式为:

CLOSE 游标名;

知识点 5　　流程控制语句

在 MySQL 中,常见的过程式 SQL 语句也可以使用。常见的流程控制语句主要有 IF 语句,CASE 语句,WHILE 语句同,REPEAT 语句,LOOP 语句和 LEAVE 语句等。

1. IF 语句

IF 语句的语法格式如下:

IF 条件 THEN 语句

[ELSEIF 条件 THEN 语句]...

[ELSE 语句]

END IF

小提示

当条件为真时,就执行相应 THEN 后面的语句,语句可以是一个也可以是多个。

例 7-1 创建一个存储过程 p11,利用 IF...THEN...ELSE 语句实现判断,结果如图 7-3 所示。

```
CREATE PROCEDURE p11()
BEGIN
SET @record=30;
SET @string='';
IF @record>30 THEN
     SET @string='进行分班上课';
ELSE
     SET @string='不需要分班上课';
END IF ;
END
```

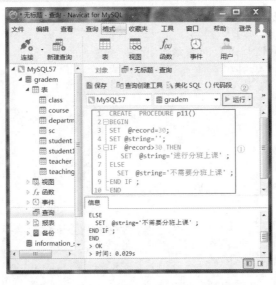

图 7-3　IF...THEN...ELSE 语句的使用

2. CASE 语句

CASE 语句根据测试/条件表达式的值的不同,返回多个可能的结果表达式之一。

CASE 具有两种格式:简单 CASE 语句、搜索式 CASE 语句。

(1)简单 CASE 语句

简单 CASE 语句就是将某个表达式的值与一组简单表达式的值进行比较以确定结果。语法格式如下:

```
CASE case_value
WHEN when_value THEN result_value
[...n]
[ELSE else_result_value]
END CASE
```

说明:

①when_value 的值与 case_value 的值进行比较。

②result_value:当 case_value ＝ when_value 比较的结果为 TRUE 时返回的表达式。

③else_result_value:当 case_value ＝ when_value 比较的结果都不为 TRUE 时返回的值。

④执行过程：首先计算 input_value 的值，然后计算第一个 WHEN 后的 input_value 的值，并与 when_value 的值进行比较，如果相等就返回第一个 result_value 的值，如果不相等继续和第二个 WHEN 后的 input_value 的值进行比较，如果 input_value＝when_value 的计算结果都不为 TRUE，而且指定了 ELSE 子句则返回 else_result_value，如果没有指定 ELSE 子句则返回 NULL。

例 7-2　创建一个存储过程 p12，使用简单 CASE 语句针对不同的成绩，返回不同的结果成绩等级。

步骤 1　创建存储过程 p12，代码如下，如图 7-4 所示。

```
CREATE PROCEDURE p12()
BEGIN
SET @分数 =88;
CASE FLOOR(@分数/10)
    WHEN 10 THEN SET @成绩级别 ＝'优秀';
    WHEN 9 THEN SET @成绩级别 ＝'优秀';
    WHEN 8 THEN SET @成绩级别 ＝'良好';
    WHEN 7 THEN SET @成绩级别 ＝'中等';
    WHEN 6 THEN SET @成绩级别 ＝'及格';
ELSE SET @成绩级别 ＝'不及格';
END CASE ;
SELECT @成绩级别 成绩级别;
END
```

图 7-4　简单 CASE 语句的使用

步骤 2　调用存储过程：

CALL p12()

得到结果如图 7-5 所示。

图 7-5　调用存储过程 p12 得到的结果

（2）搜索式 CASE 语句

搜索式 CASE 语句是计算一组逻辑表达式以确定结果，语法格式如下：

CASE
　　WHEN logical_expression THEN result_expression
［…n］
　　［ELSE else_result_expression］
END CASE

说明：

①判断 logical_expression 表达式的值是否为 TRUE，如果为 TRUE，就返回 THEN 后的 result_expression 表达式的值。

②如果上面所有 logical_expression 表达式的值都为 FALSE，则返回 ELSE 后的 else_result_expression 表达式的值。

例 7-3　创建一个存储过程 p13，使用搜索式 CASE 语句针对不同的成绩，返回不同的结果成绩等级。

步骤 1　建立存储过程 p13，代码如下。

```
CREATE PROCEDURE p13()
BEGIN
SET @分数 =88;
CASE
    WHEN @分数>=90 and @分数<=100 THEN SET @成绩级别 = '优秀';
    WHEN @分数>=80 and @分数<90 THEN SET @成绩级别 = '良好';
    WHEN @分数>=70 and @分数<80 THEN SET @成绩级别 = '中等';
    WHEN @分数>=60 and @分数<70 THEN SET @成绩级别 = '及格';
    ELSE SET @成绩级别 = '不及格';
END CASE ;
Select @成绩级别 成绩级别;
END
```

步骤 2　调用存储过程：

CALL p13()

3. WHILE 语句

WHILE 语句的作用是为重复执行某一语句或语句块设置条件。只要指定的条件为真，就重复执行语句，语法格式如下：

WHILE 条件 DO

语句

END WHILE

例 7-4　创建存储函数 f1，使用 WHILE 循环计算 $1+2+3+...+100$ 的和。

步骤 1　建立存储函数 f1，代码如下，如图 7-6 所示。

CREATE FUNCTION f1() RETURNS INTEGER

BEGIN

SET @i=1, @sum =0;

WHILE @i<=100 DO

　　SET @sum=@sum +@i, @i=@i+1;

END WHILE;

RETURN @sum;

END；

图 7-6　WHILE 语句的使用

步骤 2　调用存储函数：

SELECT f1()

得到结果如图 7-7 所示。

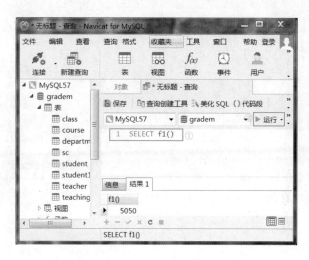

图 7-7   调用存储函数 f1

4. REPEAT 语句

REPEAT 语句的语法格式如下：

REPEAT

　　语句

　　UNTIL 条件

END REPEAT

REPEAT 语句首先执行指定的语句,然后判断条件是否为真,为真则停止循环,不为真则继续循环。

例 7-5　　创建存储函数 f2,使用 REPEAT 语句计算 $1+2+3+...+100$ 的和。

CREATE FUNCTION f2( ) RETURNS INTEGER

BEGIN

SET @i=1, @sum=0；

REPEAT

　　SET @sum=@sum+@i, @i=@i+1；

　　UNTIL @i>100

END REPEAT；

RETURN @sum；

END；

调用存储函数：

SELECT f2( )

小提示

REPEAT 语句和 WHILE 语句的区别在于：REPEAT 语句先执行语句,后进行判断,条件为真时循环结束;而 WHILE 语句是先判断,条件为真时才执行循环语句。

5. LOOP 语句

LOOP 语句的语法格式如下：

[begin_label:]

LOOP

语句

END LOOP [end_label]

例 7-6 创建存储函数 f3，使用 LOOP 语句计算 1+2+3+...+100 的和。

```
CREATE FUNCTION f3() RETURNS INTEGER
BEGIN
SET @i=1, @sum=0;
label1:LOOP
    SET @sum=@sum+@i, @i=@i+1;
    IF @i>100 THEN
     LEAVE label1;
     END IF;
END LOOP label1;
RETURN @sum;
END;
```

小提示

LOOP 允许某特定语句或语句群重复执行，实现一个简单的循环构造。在循环内的语句一直重复至循环被退出，使用 LEAVE 语句退出循环。LEAVE 语句结构为：

LEAVE label

label 是语句中标注的结束位置的标签名称。

6. 处理程序和条件

在存储过程中处理 SQL 语句可能导致一条错误消息。例如向一个表中插入新的行而主键已经存在，这条 INSERT 语句会导致一个出错消息，并且 MySQL 立即停止对存储过程的处理。每一个错误消息都有一个唯一代码和一个 SQLSTATE 代码。MySQL 官方手册的"错误消息和代码"一章中列出了所有的出错消息及它们各自的代码。

为了防止 MySQL 在一条错误消息产生时就停止处理，需要使用到 DECLARE HANDLER语句。DECLARE HANDLER 语句为错误代码声明了一个所谓的处理程序，它指明对一条 SQL 语句的处理如果导致一条错误消息，将会发生什么。语法格式如下：

DECLARE 处理程序的类型 HANDLER FOR condition_value[,...] 存储过程语句

参数说明：

(1)处理程序的类型：CONTINUE 表示不中断存储过程的处理；EXIT 表示当前语句的执行被终止。

（2）condition_value 格式如下：

SQLSTATE[VALUE]sqlstate_value|condition_name|SQLWARNING

|NOT FOUND|SQLEXCEPTION|mysql_error_code

①sqlstate_value：给出 SQLSTATE 的代码表示。

②condition_name：处理条件的名称。

③SQLWARNING 是对所有以 01 开头的 SQLSTATE 代码的速记，NOT FOUND 是对所有以 02 开头的 SQLSTATE 代码的速记，SQLEXCEPTION 是对所有没有被 SQLWARNING 或 NOT FOUND 捕获的 SQLSTATE 代码的速记。当用户不想为每个可能的出错消息都定义一个处理程序时可以使用以上三种形式之一。

④mysql_error_code 是具体的 SQLSTATE 代码，除了 SQLSTATE 值，MySQL 错误代码也被支持，表示的形式为：

ERROR='string'

任务 7.1　创建和调用学生信息管理数据库的存储过程

任务分析

在学生信息管理系统中教师和学生会经常查询学生或教师以及课程的相关信息，如果每次建立一个 SELECT 查询语句将是很麻烦的一件事，同时也降低了数据查询的效率，为此我们可以将经常使用的 SQL 语句创建一个存储过程，在每次查询时只需要调用存储过程即可。

本任务的功能要求如下：

（1）创建并调用无参数的存储过程 p_s1，查询学生的学号、姓名、电话号码和家庭住址（需设置别名）。

（2）创建无参数的存储过程 p_s2，查询"计算机 16-1"班级的学生姓名、课程号和成绩。

（3）创建存储过程 p_s3，实现功能：若存在学号为"2016010101"的学生记录，则显示该学生及其选课表信息，若不存在此学生，则显示"没有这名学生！"。

（4）创建带参数的存储过程 p_s4，查询指定学生姓名的学号、姓名、电话号码和家庭住址。

（5）创建存储过程 p_s5，根据某学生学号，输出该学生的总成绩。

（6）创建存储过程 p_s6，根据课程号，输出该课程的最高成绩和最低成绩。

（7）创建存储过程 p_s7，根据课程号输出学生的成绩信息。

任务实施

1. 创建并调用无参数的存储过程 p_s1,查询学生的学号、姓名、电话号码和家庭住址(需设置别名)。

创建并调用无参数的
存储过程

步骤 1　在 Navicat for MySQL 平台,单击工具栏上的"新建查询"按钮,打开一个空白的 SQL 脚本文件窗口,连接名选择"MySQL57",数据库名选择"gradem",输入以下 SQL 语句:

```
CREATE PROCEDURE p_s1()
BEGIN
SELECT sno '学号',sname '姓名',sphone '电话号码',saddress '家庭住址'
FROM student;
END
```

步骤 2　单击"运行"按钮完成存储过程的创建。

步骤 3　将"导航窗格"下的 gradem 数据库展开,刷新下面的函数,可以看到创建的存储过程 p_s1。

步骤 4　调用存储过程 p_s1:

CALL p_s1

执行结果如图 7-8 所示。

图 7-8　调用存储过程 p_s1 的执行结果

2. 创建无参数的存储过程 p_s2,查询"计算机 16-1"班级的学生姓名、课程号和成绩。

步骤 1　在 Navicat for MySQL 平台,单击工具栏上的"新建查询"按钮,打开一个空白的 SQL 脚本文件窗口,连接名选择"MySQL57",数据库名选择"gradem",输入以下 SQL 语句:

```
CREATE PROCEDURE p_s2()
BEGIN
SELECT sname ,cno ,grade
FROM student,sc,class
WHERE student. sno＝sc. sno AND student. classno＝class. classno AND classname
＝'计算机 16-1';
END
```

步骤 2   单击"运行"按钮完成存储过程的创建。

步骤 3   调用存储过程 p_s2：

`CALL p_s2`

执行结果如图 7-9 所示。

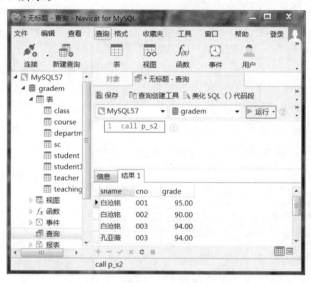

图 7-9   调用存储过程 p_s2 的执行结果

3. 创建存储过程 p_s3，实现功能：若存在学号为"2016010101"的学生记录，则显示该学生及其选课表信息，若不存在此学生，则显示"没有这名学生！"。

步骤 1   在 Navicat for MySQL 平台，单击工具栏上的"新建查询"按钮，打开一个空白的 SQL 脚本文件窗口，连接名选择"MySQL57"，数据库名选择"gradem"，输入以下 SQL 语句：

```
CREATE PROCEDURE p_s3()
BEGIN
    SET @i＝(SELECT COUNT( * ) FROM student WHERE sno＝'2016010101');
    IF @i<>0 THEN
        SELECT * FROM student WHERE sno＝'2016010101';
        SELECT * FROM sc WHERE sno＝'2016010101';
    ELSE
        SELECT '没有这名学生！';
    END IF;
END
```

步骤 2　单击"运行"按钮完成存储过程的创建。

步骤 3　调用存储过程 p_s3：

CALL p_s3()

执行结果如图 7-10 所示。

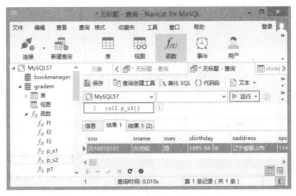

图 7-10　调用存储过程 p_s3 的执行结果

4. 创建带参数的存储过程 p_s4，查询指定姓名的学生学号、姓名、电话号码和家庭住址。

步骤 1　在 Navicat for MySQL 平台，单击工具栏上的"新建查询"按钮，打开一个空白的 SQL 脚本文件窗口，连接名选择"MySQL57"，数据库名选择"gradem"，输入以下 SQL 语句：

```
CREATE PROCEDURE p_s4( IN s_name CHAR(8))
BEGIN
    SELECT sno,sname,sphone,saddress
        FROM student
        WHERE sname=s_name;
END
```

步骤 2　单击"运行"按钮完成存储过程的创建。

步骤 3　调用存储过程 p_s4：

CALL p_s4('白沧铭')

查询"白沧铭"同学的基本信息，执行结果如图 7-11 所示。

微　课

创建带参数的
存储过程

图 7-11　调用存储过程 p_s4 的执行结果

5.创建存储过程 p_s5,根据某学生学号,输出该学生的总成绩。

步骤 1　在 Navicat for MySQL 平台,单击工具栏上的"新建查询"按钮,打开一个空白的 SQL 脚本文件窗口,连接名选择"MySQL57",数据库名选择"gradem",输入以下 SQL 语句:

```
CREATE PROCEDURE p_s5( IN s_no CHAR(10),OUT s INT)
BEGIN
    SELECT SUM(grade) INTO s
    FROM sc
    WHERE sno=s_no;
END
```

步骤 2　单击"运行"按钮完成存储过程的创建。

步骤 3　调用存储过程 p_s5:

```
CALL p_s5('2016010101',@s 总成绩)
SELECT @s 总成绩 总成绩;
```

查询学号为"2016010101"的学生的总成绩,执行结果如图 7-12 所示。

图 7-12　调用存储过程 p_s5 的执行结果

6.创建存储过程 p_s6,根据课程号,输出该课程的最高成绩和最低成绩。

步骤 1　在 Navicat for MySQL 平台,单击工具栏上的"新建查询"按钮,打开一个空白的 SQL 脚本文件窗口,连接名选择"MySQL57",数据库名选择"gradem",输入以下 SQL 语句:

```
CREATE PROCEDURE p_s6( IN c_no CHAR(10),OUT maxgrade INT,
OUT mingrade INT)
BEGIN
    SELECT MAX(grade),MIN(grade) INTO maxgrade,mingrade
    FROM sc
    WHERE cno=c_no;
END
```

步骤 2　单击"运行"按钮完成存储过程的创建。

步骤 3　调用存储过程 p_s6:'001',@maxgrade,@mingrade);

```
CALL p_s6
SELECT @maxgrade 最高成绩,@mingvade 最低成绩;
```

查询课程号为"001"的最高成绩和最低成绩,执行结果如图 7-13 所示。

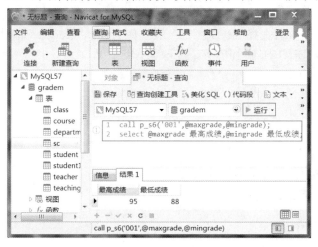

图 7-13　调用存储过程 p_s6 的执行结果

7. 创建存储过程 p_s7,根据课程号输出学生的成绩信息。

步骤 1　在 Navicat for MySQL 平台,单击工具栏上的"新建查询"按钮,打开一个空白的 SQL 脚本文件窗口,连接名选择"MySQL57",数据库名选择"gradem",输入以下 SQL 语句:

```
CREATE PROCEDURE p_s7( INOUT c_no CHAR(10))
BEGIN
    SET c_no='002';
SELECT sno,cno,grade
FROM sc
WHERE cno=c_no;
END
```

步骤 2　单击"运行"按钮完成存储过程的创建。

步骤 3　调用存储过程 p_s7,查询课程号为"001"的学生的成绩信息,执行结果如图 7-14 所示。

图 7-14　调用存储过程 p_s7 的执行结果

小提示

　　INOUT 类型的参数值可以被改变,输入时是"001",存储过程中对其进行了改变,得到的查询结果也就被改变了。

任务 7.2　创建和调用学生信息管理数据库的存储函数

创建和调用学生信息管理
数据库的存储函数

任务分析

　　本任务完成存储函数的创建与调用,通过存储函数实现学生信息管理数据库的操作。

　　本任务的功能要求如下:

　　(1)创建存储函数 f_s1,返回学生表中的总人数。

　　(2)创建存储函数 f_s2,根据给定的学生学号返回学生的姓名。

任务实施

　　1.创建存储函数 f_s1,返回学生表中的总人数。

　　步骤 1　在 Navicat for MySQL 平台,单击工具栏上的"新建查询"按钮,打开一个空白的 SQL 脚本文件窗口,连接名选择"MySQL57",数据库名选择"gradem",输入以下 SQL 语句:

```
CREATE FUNCTION f_s1() RETURNS INTEGER
BEGIN
    RETURN(SELECT COUNT( * ) FROM student) ;
END
```

　　步骤 2　单击"运行"按钮完成存储函数的创建。

　　步骤 3　调用存储函数 f_s1,查询学生表的总人数,执行结果如图 7-15 所示。

图 7-15　调用存储函数 f_s1 的结果

2.创建存储函数 f_s2,根据给定的学生学号返回学生的姓名。

步骤1 在 Navicat for MySQL 平台,单击工具栏上的"新建查询"按钮,打开一个空白的 SQL 脚本文件窗口,连接名选择"MySQL57",数据库名选择"gradem",输入以下 SQL 语句:

```
CREATE FUNCTION f_s2(s_no CHAR(10)) RETURNS CHAR(8)
BEGIN
    RETURN(SELECT sname FROM student WHERE sno=s_no);
END
```

步骤2 单击"运行"按钮完成存储函数的创建。

步骤3 调用存储函数 f_s2,查询学号为"2016010101"学生的姓名,执行结果如图 7-16 所示。

图 7-16　调用存储函数 f_s2 的结果

任务 7.3　管理学生信息管理数据库的存储过程和存储函数

任务分析

　　学生信息管理数据库的存储过程和存储函数建立后,用户根据需要可以随时查看存储过程和存储函数的状态和定义;也可以修改和删除存储过程和存储函数。

　　本任务的主要功能是完成学生信息管理数据库中的存储过程和存储函数的查看、修改和删除。

任务实施

1.查看学生信息管理数据库存储过程和存储函数的状态

(1)查看学生信息管理数据库存储过程的状态。

步骤1 在 Navicat for MySQL 平台 SQL 脚本文件窗口中,连接名选择"MySQL57",数据库名选择"gradem",输入以下 SQL 语句:

SHOW PROCEDURE STATUS

步骤2 单击"运行"按钮执行语句,执行结果如图 7-17 所示。

图 7-17 查看学生信息管理数据库存储过程的状态信息

(2)查看学生信息管理数据库存储函数的状态。

步骤1 在 Navicat for MySQL 平台 SQL 脚本文件窗口中,连接名选择"MySQL57",数据库名选择"gradem",输入以下 SQL 语句:

SHOW FUNCTION STATUS

步骤2 单击"运行"按钮执行语句,执行结果如图 7-18 所示。

图 7-18 查看学生信息管理数据库存储函数的状态信息

2. 使用 SHOW CREATE 语句查看存储过程和存储函数的定义

(1)查看学生信息管理数据库存储过程 p_s1 的定义。

步骤1 在 Navicat for MySQL 平台 SQL 脚本文件窗口中,连接名选择"MySQL57",数

据库名选择"gradem",输入以下 SQL 语句:

SHOW CREATE PROCEDURE p_s1

步骤 2　单击"运行"按钮执行语句,执行结果如图 7-19 所示。

图 7-19　使用 SHOW CREATE 语句查看存储过程 p_s1 的定义

(2)查看学生信息管理数据库存储函数 f_s1 的定义。

步骤 1　在 Navicat for MySQL 平台 SQL 脚本文件窗口中,连接名选择"MySQL57",数据库名选择"gradem",输入以下 SQL 语句:

SHOW CREATE FUNCTION f_s1

步骤 2　单击"运行"按钮执行语句,执行结果如图 7-20 所示。

图 7-20　使用 SHOW CREATE 语句查看存储函数 f_s1 的定义

3. 从 information_schema. Routines 表中查看存储过程和存储函数的信息

(1)从 information_schema. Routines 表中查看学生信息管理数据库的存储过程 p_s1 信息。

步骤 1　在 Navicat for MySQL 平台 SQL 脚本文件窗口中,连接名选择"MySQL57",数据库名选择"gradem",输入以下 SQL 语句:

SELECT ＊ FROM information_schema. Routines

WHERE ROUTINE_NAME='p_s1'

步骤 2　单击"运行"按钮执行语句,执行结果如图 7-21 所示。

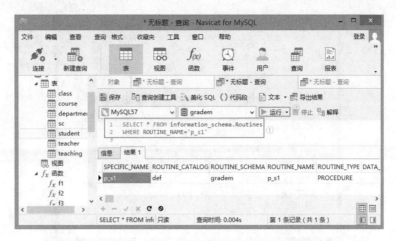

图 7-21　从 information_schema.Routines 表查看存储过程 p_s1 的定义

（2）从 information_schema.Routines 表中查看学生信息管理数据库存储函数 f_s1 的信息。

步骤 1　在 Navicat for MySQL 平台 SQL 脚本文件窗口中，连接名选择"MySQL57"，数据库名选择"gradem"，输入以下 SQL 语句：

SELECT ＊ FROM information_schema.Routines

WHERE ROUTINE_NAME＝′f_s1′

步骤 2　单击"运行"按钮执行语句，执行结果如图 7-22 所示。

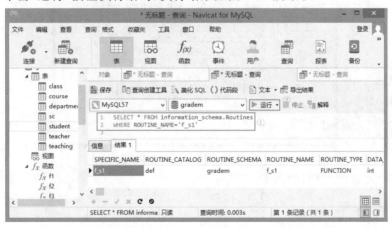

图 7-22　从 information_schema.Routines 表查看存储函数 f_s1 的定义

4.修改存储过程和存储函数

（1）使用 ALTER PROCEDURE 修改存储过程 p_s1，将特性修改为只包含读数据的语句。

步骤 1　在 Navicat for MySQL 平台 SQL 脚本文件窗口中，连接名选择"MySQL57"，数据库名选择"gradem"，输入以下 SQL 语句：

ALTER PROCEDURE p_s1 READS SQL DATA

步骤 2　单击"运行"按钮执行语句，执行结果如图 7-23 所示。

（2）使用 ALTER FUNCTION 将存储函数 f_s1 的特性修改为只包含读数据的语句。

步骤 1　在 Navicat for MySQL 平台 SQL 脚本文件窗口中，连接名选择"MySQL57"，数据库名选择"gradem"，输入以下 SQL 语句：

图 7-23　使用 ALTER PROCEDURE 语句修改存储过程的特性

ALTER FUNCTION f_s1 READS SQL DATA

步骤 2　单击"运行"按钮执行语句,执行结果如图 7-24 所示。

图 7-24　使用 ALTER FUNCTION 语句修改存储函数的特性

5. 删除存储过程和存储函数

(1)删除存储过程 p_s1

步骤 1　在 Navicat for MySQL 平台 SQL 脚本文件窗口中,连接名选择"MySQL57",数据库名选择"gradem",输入以下 SQL 语句:

DROP PROCEDURE IF EXISTS p_s1

步骤 2　单击"运行"按钮执行语句,执行结果如图 7-25 所示。

(2)删除存储函数 f_s1

步骤 1　在 Navicat for MySQL 平台 SQL 脚本文件窗口中,连接名选择"MySQL57",数据库名选择"gradem",输入以下 SQL 语句:

DROP FUNCTION IF EXISTS f_s1

步骤 2　单击"运行"按钮执行语句,执行结果如图 7-26 所示。

图 7-25　删除存储过程 p_s1

图 7-26　删除存储函数 f_s1

项目实训　图书销售管理数据库存储过程和存储函数管理

一、实训的目的和要求

1. 掌握存储过程的创建、调用和管理。
2. 掌握存储函数的创建、调用和管理。

二、实训内容

1. 创建存储过程"p_book"，查询所有图书的名称、作者、出版社名称。
2. 调用存储过程"p_book"。

3.创建存储过程"p_publish",查询指定出版社出版的图书名称、图书单价、ISBN。

4.调用存储过程"p_publish",查询"pb01"出版社出版的图书名称、ISBN、图书单价。

5.创建存储过程"p_sale",根据给定的出版社编号查询输出该出版社出版的图书的平均单价。

6.调用存储过程"p_sale",输出出版社编号为"pb01"的出版社出版的图书的平均单价。

7.创建存储函数"f_book",返回图书库存表中图书的总个数。

8.调用存储函数"f_book"。

9.创建存储函数"f_book1",根据给定的图书编号返回该图书的名称。

10.调用存储函数"f_book1",输出图书编号为"b0001"的图书的名称。

项目总结

本项目主要讲解了 MySQL 的存储过程和存储函数的使用。学习完本项目后,学生掌握了存储过程的概念、优点,存储过程与存储函数的区别;掌握了变量、常量、运算符和表达式的使用;掌握了游标的使用方法;掌握了流程控制语句的使用;学会了存储过程的创建、调用及管理;掌握了存储函数的创建、调用及管理;理解了 IN,OUT,INOUT 参数类型的含义以及使用方法。

思考与练习

一、选择题

1.声明游标的语句是(   )。

A. CREATE CURSOR   B. ALTER CURSOR

C. SET CURSOR   D. DECLARE CURSOR

2.存储过程是一组预先定义并(   )SQL 语句。

A. 保存   B. 编写   C. 编译   D. 解释

3.算术运算符、比较运算符、逻辑运算符的优先级排列正确的是(   )。

A. 算术、逻辑、比较   B. 比较、逻辑、算术

C. 比较、算术、逻辑   D. 算术、比较、逻辑

4.对于同一存储过程连续两次执行命令 DROP PROCEDURE IF EXISTS,将会(   )。

A. 第一次执行删除存储过程,第二次产生一个错误

B. 第一次执行删除存储过程,第二次无提示

C. 存储过程不会被删除

D. 以上说法都不对

5.存储过程和存储函数的相关信息是在(   )数据库中存放。

A. mysql   B. information_schema

C. performance_schema   D. test

6.下面选项中不属于存储过程的优点的是(　　)。

A.增强代码的重用性和共享性

B.可以加快运行速度,减少网络流量

C.可以作为安全性机制

D.编辑简单

7.表达式 select $(9+6*5+3*2)/5-3$ 的运算结果是(　　)。

A.1　　　　　　　　B.6　　　　　　　　C.5　　　　　　　　D.7

8.下面哪个不是 MySQL 的存储过程中可用的循环语句(　　)。

A.REPEAT　　　　　B.WHILE　　　　　C.LOOP　　　　　D.FOR

9.调用存储过程使用(　　)。

A.EXCUTE　　　　　B.CALL　　　　　　C.LOOP　　　　　D.FOR

二、填空题

1.存储过程和存储函数的相关信息在_____表中存放。

2._____是保存在服务器里的一组 SQL 语句的集合。

3.在创建存储过程或存储函数时,参数的类型有_____、_____、_____。

4.存储函数必须包含一条_____语句。

5.创建存储函数使用"CREATE_____函数名"。

6.使用一个游标需要用到 4 条特殊语句:_____(声明游标)、_____(打开游标)、_____(读取游标)和_____(关闭游标)。

7.使用_____语句查看存储过程和存储函数的定义。

8.MySQL 中存储过程和函数的信息存储在_____数据库下的 Routines 表中。

三、简答题

1.简述存储过程的概念和特点。

2.简述存储过程和存储函数的区别。

3.什么是游标? 为什么要使用游标?

4.简述存储过程的创建方法和执行的方法。

项目 8

管理和维护学生信息管理数据库的触发器和事件

重点和难点

1. 触发器的创建；
2. 触发器的查看；
3. 触发器的删除；
4. 触发器使用的技巧。

学习目标

【知识目标】

1. 掌握触发器的基本概念；
2. 掌握触发器的创建；
3. 掌握触发器的删除。

【技能目标】

1. 具备触发器管理的能力；
2. 具备使用触发器保证数据完整性的能力。

素质目标

1. 具有良好的社会主义核心价值观；
2. 具有感恩的心。

项目概述

在学生信息管理数据库中,创建数据表时可通过设置数据完整性约束来保证数据的正确性和一致性,防止非法数据的录入、更新,但数据完整性约束无法实现数据表之间的级联操作,使用触发器可以实现更为复杂的数据约束和业务规则。

通过本项目的学习,学生将掌握创建触发器的方法,熟悉如何查看触发器,掌握删除触发器的方法,具有在实战演练中应用触发器的能力,为 MySQL 数据库管理系统实现更为复杂的数据约束,保证数据的完整性。

知识储备

知识点 1　触发器概述及分类

1.触发器概述

微　课

触发器概述及分类

触发器(TRIGGER)是数据库提供给程序员和数据分析员来保证数据完整性的一种方法,它是与表事件相关的特殊的存储过程,它的执行不是由程序调用,也不是手工启动,而是由事件来触发,比如当对一个表进行操作(INSERT,DELETE,UPDATE)时就会激活它执行。触发器经常用于加强数据的完整性约束和业务规则等。触发器可以从 DBA_TRIGGERS,USER_TRIGGERS 数据字典中查到。

触发器可以查询其他表,而且可以包含复杂的 SQL 语句。它们主要用于强制服从复杂的业务规则或要求。例如,您可以根据客户当前的账户状态,控制是否允许插入新订单。

触发器也可用于强制引用完整性,以便在多个表中添加、更新或删除行时,保留在这些表之间所定义的关系。然而,强制引用完整性的最好方法是在相关表中定义主键和外键约束。如果使用数据库关系图,则可以在表之间创建关系以自动创建外键约束。

触发器与存储过程的唯一区别是触发器不能执行 EXECUTE 语句调用,而是在用户执行 Transact-SQL 语句时自动触发执行。触发器是由事件来触发某个操作。这些事件包括 IN-SERT 语句、UPDATE 语句和 DELETE 语句。当数据库系统执行这些事件时,会激活触发器执行相应的操作。

2.触发器分类

(1)DML 触发器

当数据库表中的数据发生变化时,包括执行插入、更新、删除任意操作,如果我们对该表写了对应的 DML 触发器,那么该触发器自动执行。DML 触发器的主要作用在于强制执行业务规则,以及扩展 SQL 约束、默认值等。因为我们知道约束只能约束同一个表中的数据,而触发器中则可以执行任意 SQL 命令。

（2）DDL 触发器

DDL 触发器是新增的触发器，主要用于审核与规范对数据库中表、触发器、视图等结构上的操作。比如在修改表、修改列、新增表、新增列等。它在数据库结构发生变化时执行，我们主要用它来记录数据库的修改过程，以及限制程序员对数据库的修改，比如不允许删除某些指定表等。

（3）登录触发器

登录触发器将为响应 LOGIN 事件而激发存储过程。登录触发器将在登录的身份验证阶段完成之后且用户会话实际建立之前激发。因此，来自触发器内部且通常将送达用户的所有消息（例如错误消息和来自 PRINT 语句的消息）会传送到 MySQL 错误日志。如果身份验证失败，将不激发登录触发器。

3. 触发器的优点

（1）触发器自动执行，在表的数据做了任何修改（比如手工输入或者使用程序采集的操作）之后立即激活。

（2）触发器可以通过数据库的相关表进行级联更改，这比直接把代码写在前台的做法更安全合理。

（3）触发器可以强制限制，这些限制比用 CHECK 约束定义的更复杂。与 CHECK 约束不同的是触发器可以引用其他表的列。

4. 触发器的限制

（1）触发器不能调用将数据返回客户端的存储过程，也不能使用 CALL 语句的动态 SQL（允许存储过程通过参数将数据返回触发器）。

（2）触发器不能使用以显式或隐式方式开始或结束事务的语句，如 start transaction，commit 或 rollback。

（3）MySQL 触发器针对行来操作，当处理大数据集的时候可能效率很低。

（4）触发器不能保证原子性。当一个更新触发器在更新数据表后，触发对另一个表的更新，如果触发器失败，不会回滚第一个表的更新。

知识点 2　　创建触发器

创建触发器需要使用 CREATE TRIGGER 语句，基本语法格式如下：

```
CREATE TRIGGER Trigger_name
Trigger_time
Trigger_event ON tbl_name
FOR EACH ROW
BEGIN
Trigger_stmt
END
```

创建触发器

参数说明：

（1）Trigger_name：触发器的名称，符合标识符的命名规则。

（2）Trigger_time：触发器的执行时机（BEFORE 或者 AFTER）。BEFORE 就是在 SQL 执行之前，先执行触发器；AFTER 相反。

(3)Trigger_event:触发器的触发事件。常见的有三种:INSERT,UPDATE,DELETE。

(4)tbl_name:表示建立触发器的表。

(5)FOR EACH ROW:表示任何一条记录上的操作满足触发事件都会触发该触发器。

(6)Trigger_stmt:触发器执行语句。

知识点 3　管理触发器

1.查看触发器

查看触发器是指查看数据库中已经存在的触发器的定义、状态和语法信息等。可以通过命令来查看已经创建的触发器。

在 MySQL 中通过 SHOW TRIGGERS 查看触发器的 SQL 语句基本语法格式如下:

SHOW TRIGGERS FROM [database_name]

其中:database_name 表示要查看的数据库名称。

2.使用触发器

触发程序是与表有关的命名数据库对象,当表上出现特定事件时,将激活该对象。在某些触发程序的用法中,可用于检查插入表中的值,或者对更新涉及的值进行计算。

3.删除触发器

使用 DROP TRIGGER 语句可以删除 MySQL 中已经定义的触发器。

在 MySQL 中删除触发器的 SQL 语句基本语法格式如下:

DROP TRIGGER [database].[trigger_name]

其中:database. trigger_name 表示要删除指定数据库的触发器名称。

知识点 4　事件

1.事件的概念

自 MySQL 5.1.0 开始,新增了一个非常有特色的功能——事件调度器(Event Scheduler),可以用作定时执行某些特定任务(如删除记录、对数据进行汇总等)来取代原先只能由操作系统的计划任务来执行的工作。值得一提的是,MySQL 的事件调度器可以精确到每秒钟执行一次任务,而操作系统的计划任务只能精确到每分钟执行一次。对于一些数据实时性要求比较高的应用是非常适合的。

微课
事件

2.创建事件

在 MySQL 中创建事件的 SQL 语句基本语法格式如下:

CREATE EVENT [IF NOT EXISTS] event_name

ON SCHEDULE schedule

[ON COMPLETION [NOT] PRESERVE]

[ENABLE | DISABLE | DISABLE ON SLAVE]

[COMMENT 'comment']

DO event_body;

参数说明：

(1)EVENT event_name：用于指定事件名称，event_name 的最大长度为 64 个字符，如果未指定 event_name，则默认为当前的 MySQL 用户名(不区分大小写)。

(2)ON SCHEDULE schedule：用于定义执行的时间和时间间隔，schedule 表示触发点。如果为 at now()表示创建后立即启动事件，如果为 at current_timestamp＋interval number second表示在当前时间后间隔 number 秒后启动事件。

(3)ON COMPLETION [NOT] PRESERVE：用于定义事件是否循环执行，即是一次执行还是永久执行，默认为一次执行，即 NOT PRESERVE。

(4)ENABLE | DISABLE | DISABLE ON SLAVE：用于指定事件的一种属性。其中，关键字 ENABLE 表示该事件是活动的，即调度器检查事件是否必须调用；关键字 DISABLE 表示该事件是关闭的，即事件的声明存储到目录中，但是调度器不会检查它是否应该调用；关键字 DISABLE ON SLAVE 表示事件在从机中是关闭的。如果不指定以上三个选项中的任何一个，默认为 ENABLE。

(5)COMMENT 'comment'：用于定义事件的注释。

(6)DO event_body：用于指定事件启动时所要执行的代码，可以是任何有效的 SQL 语句、存储过程或者一个计划执行的事件。如果包含多条语句，则可以使用 BEGIN...END 复合结构。

3. 修改事件

在 MySQL 中修改事件的 SQL 语句的基本语法格式如下：

ALTER EVENT event_name

ON SCHEDULE schedule

RENAME TO new_event_name

[ON COMPLETION [NOT] PRESERVE]

[ENABLE | DISABLE | DISABLE ON SLAVE]

[COMMENT 'comment']

参数说明：

(1)ALTER EVENT：表示修改事件名称。

(2)RENAME TO new_event_name：表示修改后的新事件名称。

其他参数同创建事件的参数说明。

4. 删除事件

在 MySQL 中删除事件的 SQL 语句的基本形式如下：

DROP EVENT [IF EXISTS] event_name

执行删除事件时，如果事件不存在，会产生"error 1513(hy000)：unknown event"的错误提示，因此建议在删除事件时加上可选项 IF EXISTS，判断事件是否存在，如果事件存在，则执行语句，否则不执行。

任务 8.1　创建学生信息管理数据库的触发器

在前面任务中通过使用数据完整性实现了学生信息管理数据库数据表的唯一性、检查约束、空值约束等功能需求，但在实际应用中经常会用到两个数据表或多个数据表之间的级联操作，如删除某学生信息同步级联删除该学生的选课信息，这种较为复杂的功能需求使用数据完整性是无法实现的，而触发器能实现较为复杂的数据表规范化业务需求。

微　课

创建学生信息管理
数据库的触发器

本任务的功能要求如下：

（1）创建一个触发器 ins_cou，当新增课程信息后，给出提示信息"课程信息已成功插入！"。

（2）创建一个触发器 ins_stu，当新增学生信息后，自动添加学生的"001"号课程的选课信息。

（3）创建一个触发器 ins_stu2，当新增学生信息后，自动添加学生的"计算机基础"课程的选课信息。

（4）创建一个触发器 upd_stu，当修改学生学号后，自动修改学生选课表 sc 中的学号，使得学生的学号保持一致。

（5）创建一个触发器 del_stu，当删除学生信息后，自动删除选课表 sc 中的学生选课信息。

（6）创建触发器 score_sc，在 sc 表上执行 insert 操作时，验证成绩是否有效，若成绩非法，则中断 insert 操作，抛出相应错误。执行测试语句。

1. 创建一个触发器 ins_cou，当新增课程信息后，给出提示信息"课程信息已成功插入！"。

步骤 1　在 Navicat for MySQL 平台下单击工具栏上的"新建查询"按钮，打开一个空白的 SQL 脚本文件窗口，连接名选择"MySQL57"，数据库名选择"gradem"，输入以下 SQL 语句：

```
CREATE TRIGGER ins_cou
AFTER INSERT
ON course FOR EACH ROW
BEGIN
    SET @str='课程信息已成功插入！';
END
```

步骤 2　单击"运行"按钮执行 SQL 语句，完成触发器 ins_cou 的创建。

步骤 3　在 SQL 脚本文件窗口，输入如下 SQL 语句：

```
INSERT INTO course VALUES('009','工程测量',2,'03')
```

步骤 4　单击"运行"按钮执行上述 INSERT SQL 语句，系统将自动激活触发器。查看变量的信息，输入如下语句：

SELECT @str

单击"运行"按钮执行语句,执行结果如图 8-1 所示,课程记录已成功插入 course 表中,如图 8-2 所示。

图 8-1　创建触发器并执行激活语句

图 8-2　课程记录成功插入 course 表中

2.创建一个触发器 ins_stu,当新增学生信息后,自动添加学生的"001"号课程的选课信息。

步骤 1　在 Navicat for MySQL 平台下单击工具栏上的"新建查询"按钮,打开一个空白的 SQL 脚本文件窗口,连接名选择"MySQL57",数据库名选择"gradem",输入以下 SQL 语句:

```
CREATE TRIGGER ins_stu
AFTER INSERT
ON student
FOR EACH ROW
BEGIN
INSERT INTO sc VALUES(new.sno,'001',null);
END
```

小提示

"INSERT INTO sc VALUES(new. sno，'001'，null)；"语句中 new. sno 表示新插入数据的 sno 字段的值。

步骤 2　单击"运行"按钮执行 SQL 语句，完成触发器 ins_stu 的创建。

步骤 3　在 SQL 脚本文件窗口，输入如下 SQL 语句：

INSERT INTO student（sno，sname，ssex）VALUES('2016010103'，'赵宏林'，'男')

步骤 4　单击"运行"按钮执行上述 INSERT SQL 语句，系统将自动执行激活触发器。执行后，student 表中插入学生记录如图 8-3 所示，同时该学生的"001"课程的选课记录成功插入 sc 表中，如图 8-4 所示。

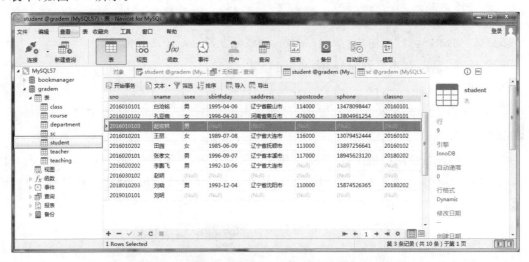

图 8-3　在 student 表中插入记录

图 8-4　在 sc 表中插入记录

3.创建一个触发器 ins_stu2，当新增学生信息后，自动添加学生的"计算机基础"课程的选课信息。

步骤 1   在 Navicat for MySQL 平台单击工具栏上的"新建查询"按钮,打开一个空白的 SQL 脚本文件窗口,连接名选择"MySQL57",数据库名选择"gradem",输入以下 SQL 语句:

```
CREATE TRIGGER ins_stu2
AFTER INSERT
ON student FOR EACH ROW
BEGIN
    DECLARE cid CHAR(10);
    SET cid=(SELECT cno FROM course WHERE cname='计算机基础');
    INSERT INTO sc VALUES(new. sno,cid,null);
END
```

步骤 2   单击"运行"按钮执行 SQL 语句,完成触发器 ins_stu2 的创建。

步骤 3   在 SQL 脚本文件窗口,输入如下 SQL 语句:

```
INSERT INTO student
VALUES ('2016010203','张宏利','男','1994-3-15','辽宁省沈阳市','110000',
'13367841844','20160102');
```

步骤 4   单击"运行"按钮执行上述 INSERT SQL 语句,系统将自动执行激活触发器。执行后,student 表中插入学号为'2016010203'的学生记录,同时该学生的"计算机基础"课程的选课记录成功插入 sc 表中,如图 8-5 所示。

图 8-5   激活触发器 ins_stu2 后 sc 表中记录

小提示

触发器是属于一个表的,当在这个表上执行插入、更新、删除操作时,就会导致相应的触发器被激活;不能给同一个表的同一个操作创建两个不同的触发器。

因此,在表 student 上删除触发器 ins_stu 后,再创建触发器 ins_stu2,执行激活触发器的语句,即可成功激活触发器 ins_stu2。

4.创建一个触发器 upd_stu,当修改学生学号后,自动修改学生选课表(sc)中的学号,使得学生的学号保持一致。

步骤1　在 Navicat for MySQL 平台下单击工具栏上的"新建查询"按钮,打开一个空白的 SQL 脚本文件窗口,连接名选择"MySQL57",数据库名选择"gradem",输入以下 SQL 语句:

```
CREATE TRIGGER upd_stu
AFTER UPDATE
ON student
FOR EACH ROW
BEGIN
    UPDATE sc SET sno=new.sno WHERE sno=old.sno;
END
```

小提示

UPDATE sc SET sno=new.sno WHERE sno=old.sno;语句中 new.sno 表示新输入数据的 sno 字段的值,old.sno 表示修改数据前的 sno 字段的值。

步骤2　单击"运行"按钮执行 SQL 语句,完成触发器 upd_stu 的创建。

步骤3　在 SQL 脚本文件窗口,输入如下 SQL 语句:

UPDATE student SET sno='2016010105' WHERE sno='2016010102'

步骤4　单击"运行"按钮执行上述 UPDATE SQL 语句,系统将自动激活触发器。执行后,student 表中学生学号修改如图 8-6 所示,同时该学生的学号在 sc 表中同步修改,如图 8-7 所示。

图 8-6　在 student 表中修改学生学号

小提示

在数据库的触发器中经常会用到更新前的值和更新后的值,所以要理解 new 和 old 的作用。

图 8-7　在 sc 表中同步修改学生学号

（1）当使用 INSERT 语句的时候，如果原表中没有数据的话，那么对于插入数据后表来说新插入的那条数据就是 new。

（2）当使用 DELETE 语句的时候，删除的那一条数据相对于删除数据后表的数据来说就是 old。

（3）当使用 UPDATE 语句的时候，当修改原表数据的时候相对于修改数据后表的数据来说原表中修改的那条数据就是 old，而修改数据后表被修改的那条数据就是 new。

5. 创建一个触发器 del_stu，当删除学生信息后，自动删除选课表 sc 中的学生选课信息。

步骤 1　在 Navicat for MySQL 平台下单击工具栏上的"新建查询"按钮，打开一个空白的 SQL 脚本文件窗口，连接名选择"MySQL57"，数据库名选择"gradem"，输入以下 SQL 语句：

```
CREATE TRIGGER del_stu
AFTER DELETE
ON student
FOR EACH ROW
BEGIN
DELETE FROM sc WHERE sno＝old. sno；
END
```

步骤 2　单击"运行"按钮执行 SQL 语句，完成触发器 del_stu 的创建。

步骤 3　在 SQL 脚本文件窗口，输入如下 SQL 语句：

DELETE FROM student WHERE sno＝′2016010103′

步骤 4　单击"运行"按钮执行上述 DELETE SQL 语句，系统将自动激活触发器。执行后，student 表中学生记录被删除，如图 8-8 所示，该学生的选课记录在 sc 表中同步删除，如图 8-9 所示。

图 8-8　删除学生记录

图 8-9　删除学生选课记录

6.创建触发器 score_sc,在 sc 表上执行 insert 操作时,验证成绩是否有效,若成绩非法,则中断 insert 操作,抛出相应错误。执行测试语句。

步骤 1　在 Navicat for MySQL 平台下单击工具栏上的"新建查询"按钮,打开一个空白的 SQL 脚本文件窗口,连接名选择"MySQL57",数据库名选择"gradem",输入以下 SQL 语句:

```
CREATE TRIGGER score_sc
BEFORE INSERT
ON sc
FOR EACH ROW
BEGIN
    DECLARE message VARCHAR(30);
    IF new.grade<0 OR new.grade>100 THEN
        SET message='成绩必须在 0-100!';
        SIGNAL SQLSTATE 'HY000' SET MESSAGE_TEXT = message;
    END IF;
END
```

步骤 2　单击"运行"按钮执行 SQL 语句,完成触发器 score_sc 的创建。

步骤 3　在 SQL 脚本文件窗口,输入如下 SQL 语句:

(1)INSERT INTO sc VALUES('2016020102', '003', −2)

(2)INSERT INTO sc VALUES('2016020102', '001', 85)

步骤 4　运行上述(1)INSERT SQL 语句,执行后,因成绩非法,不在 0～100,该条记录未插入 sc 表中,抛出异常,给出提示"成绩必须在 0～100!",如图 8-10 所示。

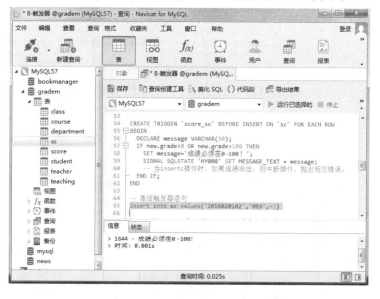

图 8-10　成绩非法,未成功插入记录

运行上述(2)INSERT SQL 语句,执行后,该条记录被成功插入 sc 表中,如图 8-11 所示。

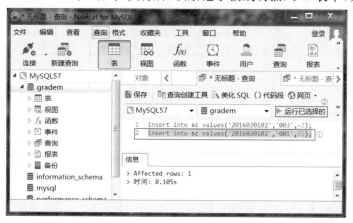

图 8-11　记录插入成功

任务 8.2　管理学生信息管理数据库的触发器

任务分析

触发器创建之后,不能直接进行修改,只能删除后重新创建。删除触发器有两种方式:一种是使用 Navicat for MySQL 平台删除;另一种是使用 DROP TRIGGER SQL 语句删除。

本任务的功能要求如下:

1.使用 SQL 语句查看学生信息管理数据库(gradem)中的触发器。

2.使用 Navicat for MySQL 平台查看 student 表中的触发器。

3.使用 Navicat for MySQL 平台删除学生信息管理数据库中的 ins_cou 触发器。

4.使用 DROP TRIGGER SQL 语句删除学生信息管理数据库中的 ins_cou 触发器。

任务分析

1.查看学生信息管理数据库(gradem)中的触发器

步骤 1　在 Navicat for MySQL 平台下单击工具栏上的“新建查询”按钮,打开一个空白的 SQL 脚本文件窗口,连接名选择“MySQL57”,数据库名选择“gradem”,输入以下 SQL 语句:

SHOW TRIGGERS FROM gradem

步骤 2　单击“运行”按钮执行 SQL 语句,执行结果如图 8-12 所示。

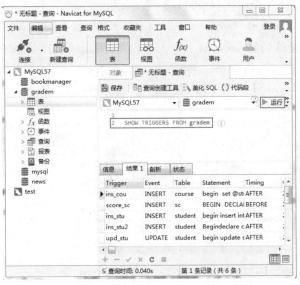

图 8-12　查看数据库 gradem 中的触发器

2.使用 Navicat for MySQL 平台查看 student 表中的触发器

步骤 1　启动 Navicat for MySQL 平台,展开数据库“gradem”,展开“表”,在要查看创建触发器的 student 表上右击,在快捷菜单中选择“设计表”命令。

步骤 2　在 student 表的设计界面,切换到“触发器”选项卡,可以看到 student 表上创建的所有触发器,如图 8-13 所示。

3.删除 ins_cou 触发器

删除触发器的方式有两种:

(1)使用 Navicat for MySQL 平台删除学生信息管理数据库中的 ins_cou 触发器

步骤 1　启动 Navicat for MySQL 平台,展开数据库“gradem”,在要删除触发器的 course

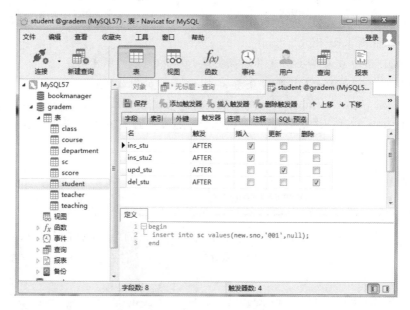

图 8-13   查看表 student 中的触发器

表上右击,在弹出的快捷菜单中选择"设计表"命令,在 course 表的设计界面,切换到"触发器"选项卡。

步骤 2   在需要删除的触发器 ins_cou 上右击,在弹出的快捷菜单中选择"删除触发器"命令,即可完成触发器的删除,如图 8-14 所示。

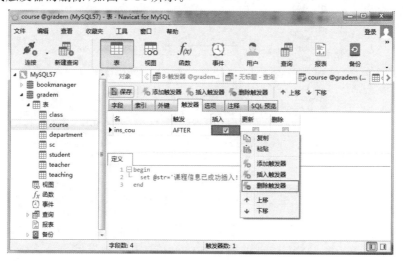

图 8-14   图形界面删除触发器

(2)使用 DROP TRIGGER SQL 语句删除学生信息管理数据库中的 ins_cou 触发器

步骤 1   在 Navicat for MySQL 平台下单击工具栏上的"新建查询"按钮,打开一个空白的 SQL 脚本文件窗口,连接名选择"MySQL57",数据库名选择"gradem",输入以下 SQL 语句:

DROP TRIGGER ins_cou

步骤 2   单击"运行"按钮执行 SQL 语句,执行结果如图 8-15 所示。

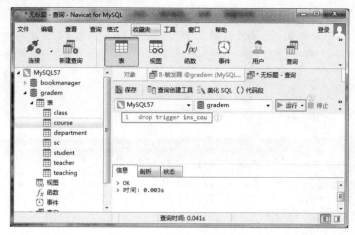

图 8-15　使用语句删除触发器

任务 8.3　创建学生信息管理数据库的事件

任务分析

　　触发器可以实现较为复杂的数据完整性功能需求,但触发器只能在用户执行 INSERT,UPDATE 和 DELTE 语句时由系统自动触发,触发器不能在指定时间自动执行。如果想在指定时间执行具有一定功能的 SQL 语句,MySQL 提供了事件调度器。

微　课

创建学生信息管理
数据库的事件

　　本任务的功能要求如下:

　　(1)创建一个立即启动的事件 ins_event,向 student 表中添加一条新记录。

　　(2)创建一个 30 秒后启动的事件 ins30_event,向 student 表中添加一条新记录。

　　(3)修改 ins30_event 事件名称为 insert_event。

　　(4)删除 insert_event 事件。

任务实施

　　1.创建一个立即启动的事件 ins_event,向 student 表中添加一条新记录。

　　步骤 1　在 Navicat for MySQL 平台下单击工具栏上的"新建查询"按钮,打开一个空白的 SQL 脚本文件窗口,连接名选择"MySQL57",数据库名选择"gradem",输入以下 SQL 语句:

```
CREATE EVENT IF NOT EXISTS ins_event
ON SCHEDULE at now()
DO
INSERT INTO student(sno,sname,ssex) VALUES('2016010104','王曼','女');
```

步骤 2　单击"运行"按钮执行 SQL 语句,完成事件 ins_event 的创建。

步骤 3　打开 student 表,记录已被插入表中,如图 8-16 所示。

图 8-16　创建事件 ins_event 后记录被插入 student 表中

小提示

要使 event 起作用,MySQL 的常量 GLOBAL event_scheduler 必须为 ON。查看是否开启事件,执行语句"SHOW VARIABLES LIKE 'event_scheduler';",如图 8-17 所示。若事件未开启,则执行语句"SET GLOBAL event_scheduler = ON;"实现事件的开启,如图 8-18 所示。

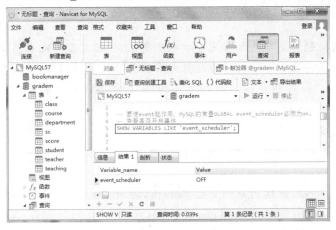

图 8-17　查看事件是否开启

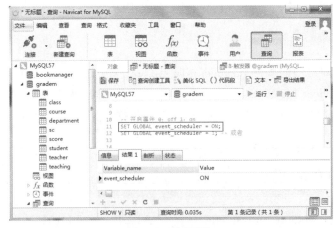

图 8-18　开启事件

2.创建一个 30 秒后启动的事件 ins30_event,向学生表中添加一条新记录。

步骤 1　在 Navicat for MySQL 平台下单击工具栏上的"新建查询"按钮,打开一个空白的 SQL 脚本文件窗口,连接名选择"MySQL57",数据库名选择"gradem",输入以下 SQL 语句:

CREATE EVENT IF NOT EXISTS ins30_event
ON SCHEDULE
at CURRENT_TIMESTAMP + INTERVAL 30 SECOND
DO
INSERT INTO student(sno,sname,ssex) VALUES('2016010106','宋璐','女');

步骤 2　单击"运行"按钮执行 SQL 语句,完成事件 ins30_event 的创建,如图 8-19 所示。

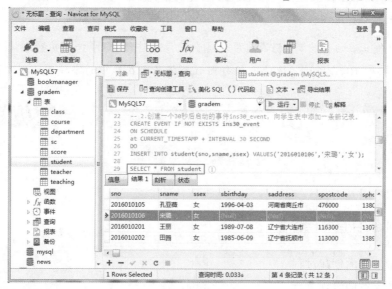

图 8-19　创建事件 ins30_event

步骤 3　在 SQL 脚本文件窗口,输入如下 SQL 语句:

SELECT * FROM student

运行后如图 8-19 所示,记录被插入 student 表中。

3.修改 ins30_event 事件名称为 insert_event。

步骤 1　在 Navicat for MySQL 平台下单击工具栏上的"新建查询"按钮,打开一个空白的 SQL 脚本文件窗口,连接名选择"MySQL57",数据库名选择"gradem",输入以下 SQL 语句:

ALTER EVENT ins30_event
ON SCHEDULE at now()
RENAME TO insert_event

步骤 2　单击"运行"按钮执行 SQL 语句,完成 ins30_event 事件名称的修改。

小提示

默认创建的事件被存储在当前库中,也可指定事件创建在哪个库中。通过 SHOW EVENTS 只能查看当前库中创建的事件。

事件执行完即释放,如立即执行事件,则执行完后,事件便自动删除,多次调用事件或等待执行事件可以查看到。

如果两个事件需要在同一时刻被调用，MySQL 会确定调用它们的顺序。如果要指定顺序，需要确保一个事件至少在另一个事件 1 秒后执行。

4. 删除 insert_event 事件。

步骤 1　在 Navicat for MySQL 平台下单击工具栏上的"新建查询"按钮，打开一个空白的 SQL 脚本文件窗口，连接名选择"MySQL57"，数据库名选择"gradem"，输入以下 SQL 语句：

DROP EVENT IF EXISTS insert_event;

步骤 2　单击"运行"按钮执行 SQL 语句，完成事件 insert_event 的删除。

小提示

当一个事件正在运行中时，删除该事件不会导致事件停止，事件会执行到完毕为止。使用 DROP USER 和 DROP DATABASE 语句同时会将包含在其中的事件删除。

项目实训　图书销售管理数据库触发器的创建与管理

一、实训的目的和要求

1. 掌握触发器的创建过程。
2. 掌握触发器的管理方法。
3. 具有使用触发器保证数据完整性的能力。

二、实训内容

1. 在 book 表中创建触发器，功能是当向 book 表中插入一条记录后，给出提示"已录入一条图书信息！"。

2. 在 publish 表中创建触发器，功能是当更新出版社编号 publishid 时，同时更新 book 表中的出版社编号。

3. 在 client 表中创建触发器，功能是删除某客户信息后，同时删除 sell 表中此客户相关的数据行。

项目总结

本项目主要介绍了触发器相关知识点，重点介绍了触发器的定义、分类、创建和删除。触发器不需要调用，它是由事件来触发某个操作过程的，只有当一个预定义的事件发生时，触发器才会自动执行。通过任务实施详细介绍了触发器的使用。通过本项目的学习，学生可掌握触发器的相关理论,并能运用所学知识使用触发器完成数据的操作。

思考与练习

一、填空题

1.触发器是一种特殊的_____,无须代为执行,当执行_____、_____和_____语句时将自动激活。

2.在 MySQL 中,触发器的执行时间有两种,分别是_____和_____。

3.在 MySQL 中,触发器可以协助应用在数据库端确保数据的_____。

4.根据触发器的执行时间不同选择相应的触发器,在检查约束前触发,可以使用_____触发器;在检查约束后触发,则使用_____触发器。

5.触发器可以使用_____和_____来引用触发器中发生变化的记录内容。

6.在 MySQL 中,调度器 EVENT_SCHEDULER 负责调用事件,由全局变量 event_scheduler 的状态决定,它默认是_____,若调度器调用事件,则需设置为_____。

二、选择题

1.用户对数据进行添加、修改和删除时,自动执行的存储过程称为(   )。

A.视图   B.存储过程   C.存储函数   D.触发器

2.如果要从数据库中删除触发器,应该使用 SQL 语言的命令(   )。

A.DELETE TRIGGER   B.DROP TRIGGER

C.REMOVE TRIGGER   D.DISABLE TRIGGER

3.触发器可以创建在(   )中。

A.表   B.过程   C.数据库   D.函数

4.以下触发器是当对表 1 进行(   )操作时触发。

    CREATE TRIGGER abc ON 表 1

    FOR INSERT , UPDATE , DELETE

    AS ...

A.只是修改   B.只是插入   C.只是删除   D.修改、插入、删除

5.触发器可引用视图或临时表,并产生两个特殊的表是(   )。

A.Deleted,Inserted   B.Delete,Insert   C.View,Table   D.View1,table1

三、问答题

1.简述触发器的分类。

2.触发器的作用是什么?举例说明。

3.什么是事件?

项目 9

学生信息管理
数据库的安全性管理

重点和难点

1. 创建、删除、修改用户；
2. 管理权限；
3. 备份和恢复数据库。

学习目标

【知识目标】

1. 掌握创建和删除用户的方法；
2. 掌握权限的授予与取消；
3. 掌握数据库的备份和恢复。

【技能目标】

1. 具备在 MySQL 中对用户进行管理的能力；
2. 具备在 MySQL 中对用户权限管理的能力；
3. 具备在 MySQL 中进行数据库备份和恢复的能力。

素质目标

1. 具有较强的网络安全意识；
2. 具有一定的创新意识。

项目概述

当在服务器上运行 MySQL 时，数据库管理员的一项重要职责是设法使 MySQL 免遭非法用户的侵入，拒绝非法用户访问数据，保证数据库的安全性和完整性。

在学生信息管理数据库中，提供数据共享服务，数据共享必然带来数据库的安全性问题。为了保护数据库以防止不合法的使用所造成的数据泄露、更改或破坏，可以创建视图限制用户访问数据的范围，创建存储过程和触发器增强系统的安全性和可靠性，对数据库进行备份，当数据库被破坏时，通过备份文件进行数据库的还原。除此之外，数据的安全性可以通过创建用户，授予、收回用户权限等实现。

通过本项目的学习，学生将掌握数据库用户的创建、用户权限的授予和取消、数据库的备份和恢复方法，以便维护数据库的安全性和完整性。

知识储备

知识点 1　MySQL 的安全性

MySQL 管理员有责任保证数据库内容的安全性，使得这些数据记录只能被那些合法授权的用户访问，这涉及数据库系统的内部安全性和外部安全性。

内部安全性关心的是文件系统级的问题，即防止 MySQL 数据目录（DATADIR）被在服务器主机有账号的人（合法或窃取的）进行攻击。

外部安全性关心的是从外部通过网络连接服务器的客户的问题，即保护 MySQL 服务器免受来自通过网络对服务器连接的攻击。必须设置 MySQL 授权表（GRANT TABLE），使得不允许访问服务器管理的数据库内容，除非提供有效的用户名和口令。

知识点 2　用户管理

1. MySQL 用户

MySQL 用户是指能够连接 MySQL 数据库服务器并能进行相关操作的人员。

MySQL 中主要包括两种用户：root 用户和普通用户。在安装 MySQL 的过程中，系统会自动生成一个名为 root 的管理员用户，其拥有 MySQL 提供的一切权限；而普通用户则只能拥有创建用户时赋予它的权限。

微　课
用户管理

为了数据库的安全性和完整性，MySQL 提供了一整套用户管理机制。用户管理机制包括登录和退出 MySQL 服务器、创建用户、删除用户、修改用户密码和为用户赋权限等内容。

当 MySQL 数据库安装完毕后，系统默认地创建了几个用户：管理员用户 root 以及匿名用户，如图 9-1 所示。MySQL 的用户信息存储在 MySQL 自带的 mysql 系统数据库的 user 表中，如图 9-2 所示，执行查询语句可以查看 MySQL 中的用户。

通过查看 mysql 系统数据库中的 user 表,可以看到所有的用户名及其全局权限(Global Privileges),如图 9-3 所示。通过显示输出可以看到用户 root@localhost 拥有全部的全局权限;mysql. sys,mysql. session 没有全局权限。

图 9-1　MySQL 默认用户

图 9-2　检索 MySQL 用户

2. 创建用户

如果创建一个新的用户,就可以给这个用户授予一定的权限。在 MySQL 数据库中,有三种方式创建新用户:利用图形工具、使用 SQL 语句(CREATE USER 语句)和直接操作 MySQL 权限表。最好的方法是前两种,因为操作更精确,错误少。

(1)使用 Navicat 图形化管理工具创建用户

操作过程将在任务 9.1 中详细描述,在此不再赘述。

(2)使用 CREATE USER 语句创建新用户

在 MySQL 中,使用 CREATE USER 语句创建新用户的基本格式如下:

　CREATE　USER ′username′@′host_name′[IDENTIFIED　BY [PASSWORD] ′password′];

参数说明:

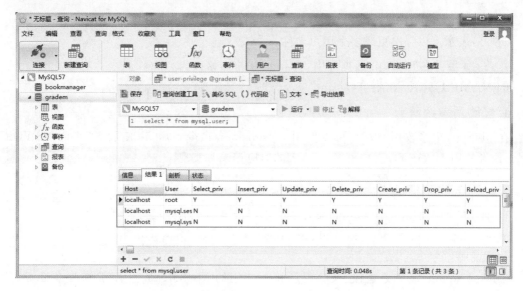

图 9-3　查看用户权限

①username：表示创建新用户的名称。

②host_name：表示主机名。

③IDENTIFIED BY：用来设置用户的密码。该参数可选，即用户登录时可不设置密码。

④PASSWORD：可选项，表示使用哈希值设置密码（不想以明文发送密码）。

⑤'password'：表示用户登录时使用的普通明文密码。

CREATE USER 语句会在系统本身的 mysql 数据库的 user 表中添加一个新记录。要使用 CREATE USER 语句就必须拥有 mysql 数据库的全局 CREATE USER 权限或 INSERT 权限。如果账户已经存在，则出现错误。

例 9-1　创建一个新用户，用户名为 king，密码为 queen。

CREATE USER 'king'@'localhost' IDENTIFIED BY 'queen';

小提示

（1）localhost 关键字指定了用户创建的是使用 MySQL 连接的主机。如果一个用户名或主机名中包括特殊的符号，如"_"或通配符"％"，则需要用单引号将其括起来，例 9-1 中的用户名和主机名的单引号可以省略。

（2）如果没有输入密码，那么 MySQL 允许相关的用户不使用密码登录，但从安全角度出发并不推荐这种做法。

（3）刚创建的用户没有操作权限，用户可以登录到 MySQL 服务器，但是不能使用 USE 语句让用户已经创建的任何数据库成为当前数据库，因此无法访问数据库中的数据表，只允许进行不需要权限的操作，如 SHOW 语句。

3. 修改用户名称

修改用户名称可以使用 Navicat 图形化管理工具和 RENAME USER 语句来实现。

在 MySQL 中使用 RENAME USER 语句修改用户名称的基本格式如下：

RENAME USER old_name TO new_user,...;

参数说明：

①old_name：原用户名。

②new_user：新用户名

③...：表示可以一次更改多个用户名称。

例 9-2　　在 MySQL 数据库中，将 king 用户名修改为 zing。

RENAME USER ′king′ TO ′zing′;

4.修改用户密码

在 MySQL 中修改用户密码可以使用 mysqladmin 命令，也可以使用 SET PASSWORD 语句，或者使用 UPDATE 直接更新 user 表的对应记录来实现。

（1）使用 mysqladmin 命令修改用户密码

在 MySQL 中使用 mysqladmin 命令修改用户密码的基本格式为：

mysqladmin -u username -h localhost -ppassword ″new_password″;

参数说明：

①mysqladmin：该命令是在 DOS 提示符下使用的 MySQL 命令，用于修改或设置用户密码。

②username：要修改用户名称。

③-h：指需要修改的、对应哪个主机名的密码，该参数可省，表示为 localhost 本地主机。

④-p：表示输入当前密码。

⑤password：关键字，不是指旧密码。

⑥″new_pacwrod″：为新设置的密码，此参数必须用双引号（″″）括起来。

小提示

mysqladmin 命令为 MySQL 数据库管理系统安装后自带的服务器端应用程序，因此需要按照如下步骤执行该命令：

从"开始"菜单中选择"运行"命令，在"运行"对话框中输入"cmd"，按 Enter 键后弹出命令提示符界面，然后输入该命令。

例 9-3　　在 MySQL 中将用户 king 密码修改为"abcd"。

mysqladmin -u king -ppassword ″abcd″;

（2）使用 SET 语句修改密码

在 MySQL 中使用 SET 语句修改用户密码的基本格式为：

SET PASSWORD [FOR username]＝PASSWORD（′new_password′）;

参数说明：

①FOR username：可选项，如果省略则表示修改当前用户的密码，如果不省略此选项是修改当前主机上特定用户的密码，其中 username 为用户名。username 的值必须以′user_name′@′host_name′的格式给定。

②PASSWORD（′new_password′）：指定新密码。

例 9-4　　在 MySQL 中将用户 king 密码修改为"1234"。

SET PASSWORD For ′king′@′localhost′＝PASSWORD（′1234′）;

5.删除用户

在 MySQL 数据库中，当用户不需要时可以将其删除，删除用户可以使用 Navicat 图形化管理工具删除,也可以使用 DROP USER 语句,或者使用 DELETE 语句从 mysql. user 表中删除对应的记录。

在 MySQL 中使用 DROP USER 语句删除用户的基本格式如下:

DROP USER ′username′@′host_name′;

DROP USER 语句中的参数说明同 CREATE USER 语句。

例 9-5 　在 MySQL 数据库中,将 king 用户删除。

DROP USER ′king′@′localhost′;

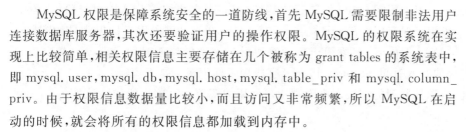

知识点 3　权限管理

微 课

权限管理

MySQL 权限是保障系统安全的一道防线,首先 MySQL 需要限制非法用户连接数据库服务器,其次还要验证用户的操作权限。MySQL 的权限系统在实现上比较简单,相关权限信息主要存储在几个被称为 grant tables 的系统表中,即 mysql. user,mysql. db,mysql. host,mysql. table_priv 和 mysql. column_priv。由于权限信息数据量比较小,而且访问又非常频繁,所以 MySQL 在启动的时候,就会将所有的权限信息都加载到内存中。

1. MySQL 的安全性机制

MySQL 的安全性机制主要包括权限机制、用户机制和对用户进行权限管理。MySQL 权限级别分为:

全局性的管理权限:作用于整个 MySQL 实例级别。

数据库级别的权限:作用于某个指定的数据库上或者所有的数据库上。

数据库对象级别的权限:作用于指定的数据库对象上(表、视图等)或者所有的数据库对象上。

2. 权限表

通过网络连接服务器的客户对 MySQL 数据库的访问由权限表内容来控制。权限表位于 mysql 数据库中,并在第 1 次安装 MySQL 的过程中初始化。共有五个权限表:user,db,table_priv,columns_priv 和 procs_priv。

当 MySQL 服务启动时,首先读取 MySQL 中的权限表,并将表中的数据装入内存。当用户进行存取操作时,MySQL 会根据这些表中的数据进行相应的权限控制。

(1)权限表 user 和 db 的结构和作用

①user 表

user 表是 MySQL 中最重要的一个权限表,记录允许连接到服务器的账号信息。user 表列出可以连接服务器的用户及其口令,并且指定他们有哪种全局(超级用户)权限。在 user 表启用的任何权限均是全局权限,并适用于所有数据库。例如,如果用户启用了 DELETE 权限,则该用户可以从任何表中删除记录。MySQL 5.7 中的 user 表有 45 个字段,共分为四类,分别是用户列、权限列、安全列和资源控制列。各类字段的作用如下:

用户列:user 表的用户列包括 Host,User,分别表示主机名、用户名。其中 User 和 Host 为 user 表的联合主键。当用户和服务器之间建立连接时,输入的账户信息中的用户名称、主机名必须匹配 user 表中对应的字段,只有两个值都匹配时,才会检测该表安全列中的 authentication_string 字段的值是否与用户输入的密码相匹配,只有三项都匹配,才允许建立连接。这三个字段的值是在创建账户时保存的账户信息。修改用户密码时,实际是修改 user 表的 authentication_string 字段的值。

权限列:user 表的权限列包括 Select_priv,Insert_priv 等以 priv 结尾的字段。这些字段决定了用户的权限,描述了在全局范围内允许对数据和数据库进行的操作,包括查询权限、修改权限等普通权限,还包括关闭服务器、超级权限和加载用户等高级权限。普通权限用于操作数据库,高级权限用于管理数据库。

安全列:安全列有 10 个字段,其中有两个与 ssl 相关,两个与 x509 相关,其中一个与授权插件相关,另一个用于保存用户的密码,3 个与用户的密码修改和有效期相关,还有一个与账户是否锁定有关。ssl 用于加密,x509 用于标识用户,plugin 字段用于验证用户身份,authentication_string 字段用于保存用户的验证信息,password_expired 字段用于标识账号的密码过期时间,password_last_changed 字段用于标识密码最近一次的修改时间,password_lifetime 字段用于标识密码的有效时间,account_locked 字段用于标记账号是否锁定。

资源控制列:资源控制列的字段用来限制用户使用的资源。这些字段的默认值为 0,表示没有限制。

②db 表

db 表也是 MySQL 数据库中非常重要的权限表。db 表中存储了用户对某个数据库的操作权限,决定用户能从哪个主机存取哪个数据库。db 权限表对给定主机上数据库级操作权限进行更细致的控制。字段大致可以分为用户列和权限列。

用户列:db 表的用户列包括 Host,User 和 Db,分别表示主机名、用户名和数据库名,标识从某个主机连接某个用户对某个数据库的操作权限,这三个字段的组合构成了 db 表的主键。

权限列:user 表的权限是针对所有数据库的,如果希望用户只对某个数据库有操作权限,那么需要将 user 表中的权限设置为 N,然后在 db 表中设置对应数据库的操作权限。例如,只为某用户设置了查询 test 表的权限,那么 user 表的 Select_priv 字段的取值为 N,而 SELECT 权限则记录在 db 表中,db 表的 Select_priv 字段的取值将会是 Y。由此可见,用户先根据 user 表的内容获取权限,然后再根据 db 表的内容获取权限。

(2)tables_priv 表、columns_priv 表和 procs_priv 表

tables_priv 表用来对表设置操作权限,columns_priv 表用来对表的某一列设置权限,procs_priv 表可以对存储过程和存储函数设置操作权限。

其中,tables_priv 权限包括 Select,Insert,Update,Delete,Create,Drop,Grant,References,Index 和 Alter 等。columns_priv 权限包括 Select,Insert,Update 和 References 等。Routine_type 字段有两个值,分别是 FUNCTION 和 PROCEDURE。FUNCTION 表示函数,PROCEDURE 表示存储过程。proc_priv 权限包括 Execute,Alter Routine 和 Grant 三种。

3. MySQL 权限系统的工作原理

为了确保数据库的安全性与完整性,系统并不希望每个用户都可以执行所有的数据库操作。当 MySQL 允许一个用户执行各自操作时,它将首先核实用户向 MySQL 服务器发送的连接请求,然后确认用户的操作请求是否被允许。下面简单介绍 MySQL 权限系统的工作过程。

(1)连接核实阶段

当用户试图连接 MySQL 服务器时，服务器基于用户提供的信息来验证用户身份，如果不能通过身份验证，服务器就完全拒绝用户的访问。如果能够通过身份验证，则服务器连接，然后进入第二个阶段等待用户请求。

MySQL 使用 user 表的三个字段（Host，User 和 anthentication_string）检查身份，服务器只有在用户提供主机名、用户名和密码并与 user 表中对应的字段值完全匹配时才接受连接。

①指定 Host 值。Host 值可以是主机名或一个 IP 地址，如果 Host 值设置为'localhost'，说明是本地主机。另外也可以在 Host 字段中使用通配符"％"和"_"，这两个通配符的含义与 LIKE 操作符的模糊匹配操作相同。'％'匹配任何主机名，空 Host 值等价于'％'。注意这些值匹配能创建一个连接到服务器的任何主机。

②指定 User 值。在 User 值字段中不允许使用通配符，但是可以指定空白的值，表示匹配任何名字。如果 user 表匹配到的连接条目有一个空值用户名，则用户被认为是匿名用户（没有名字的用户），而非客户实际指定的名字。这表示一个空值用户名被用于在连接期间进一步访问检查（在请求核实阶段）。

③指定 authentication_string 值。authentication_string 值可以是空值。这并不表示匹配任何密码，而是表示用户在连接时不能指定任何密码进行连接。

user 表中的非空 authentication_string 值是经过加密的用户密码。MySQL 不以任何人均可见的纯文本格式存储密码，相反，正在试图连接的一个用户提供的密码被加密［使用 PASSWORD()函数］，并且与存储在 user 表中的已经加密的版本比较，如果它们匹配，那么说明密码是正确的。

(2)请求核实阶段

一旦连接得到许可，服务器便进入请求核实阶段。在这一阶段，MySQL 服务器对当前用户的每个操作都进行权限检查，判断用户是否有足够的权限来执行它。用户的权限保存在 user，db，tables_priv 或 columns_priv 权限表中。

在 MySQL 权限表的结构中，user 表在最顶层，是全局级的。下面是 db 表，这两个表是数据库层级的。最后才是 tables_priv 表和 columns_priv 表，它们是表级和列级的。低等级的表只能从高等级的表得到必要的范围或权限。

确认权限时，MySQL 首先检查 user 表，如果指定的权限没有在 user 表中被授权，则 MySQL 服务器检查 db 表，在该层级的 SELECT 权限允许用户查看指定数据库的所有表的数据。如果在该层级没有找到限定的权限，则 MySQL 继续检查 tables_priv 表以及 columns_priv 表。如果所有权限表都检查完毕，依旧没有找到允许的权限操作，则 MySQL 服务器将返回错误信息，用户操作不能执行，操作失败。

> **小提示**
>
> MySQL 向下检查权限表（从 user 表到 columns_priv 表），但并不是所有的权限都要执行该过程。例如，一个用户登录到 MySQL 服务器后，只执行对 MySQL 的管理操作（如 Reload，Process，Shutdown 等），此时只涉及管理权限，MySQL 将只检查 user 表。另外，如果请求的权限不被允许，MySQL 就不会继续检查下一层级的表。

4. MySQL 的权限类型

MySQL 数据库有多种类型的权限，这些权限都存储在 MySQL 数据库的权限表中。在

MySQL 启动时,服务器将 MySQL 数据库的权限信息读入内存。MySQL 的各种权限见表 9-1。

表 9-1 权限表

权限名称	对应 user 表中的列	权限范围
Create	create_priv	数据库、表或索引
Drop	drop_priv	数据库、表或索引
Grant Option	grant_priv	数据库、表或存储过程
Revoke	revoke_priv	数据库、表或存储过程
References	references_priv	数据库或表
Event	event_priv	数据库
Alter	alter_priv	数据库
Delete	delete_priv	表
Index	index_priv	用索引查询的表
Insert	insert_priv	表
Select	select_priv	表或列
Update	update_priv	表或列
Create view	create_view_priv	视图
Show view	show_view_priv	视图
Create routine	create_routine_priv	存储过程或存储函数
Alter routine	alter_routine_priv	存储过程或存储函数
Execute	execute_priv	服务器上的文件
File	file_priv	表
Create temporary tables	create_temporary_tables_priv	表
Lock tables	lock_tables_priv	服务器管理
Create user	create_user_priv	存储过程或存储函数
Process	porcess_priv	服务器上的文件
Reload	reload_priv	服务器管理
Replication client	replication_client_priv	服务器管理
Replication slave	replication_slave_priv	服务器管理
Show databases	show_databases_priv	服务器管理
Super	super_priv	服务器管理

通过权限设置,用户可以拥有不同的权限。拥有 Grant Options 权限的用户可以为其他用户设置权限。Revoke 权限的用户可以收回自己的权限。合理设置权限能够保证 MySQL 数据库的安全性。

5. 授予用户权限

授权就是为某个用户授予权限。在 MySQL 中,可以使用 GRANT 语句为用户授予权限。

（1）权限的级别

授予的权限可以分为多层级别。

①全局权限。全局权限作用于一个给定数据库的所有数据。这些权限存储在 mysql. user 表中。可以使用 GRANT ALL ON ＊.＊ 语法设置全局权限。

②数据库权限。数据库权限作用于一个给定数据库上的所有表。这些权限存储在 mysql. db 表中。可以使用 GRANT ON db_name. ＊ 语法设置数据库权限。

③表权限。表权限作用于一个给定表的所有列。这些权限存储在 mysql. tables_priv 表中。可以通过 GRANT ON table_name 为具体的表设置权限。

④列权限。列权限作用于一个给定表的单个列。这些权限存储在 mysql. columns_priv 表中。可以指定一个 columns 子句将权限授予特定的列，同时要在 ON 子句中指定具体的表。

⑤子程序权限。CREATE ROUTINE，ALTER ROUTINE，EXECUTE 和 GRANT 权限适用于已存储的子程序（存储过程或存储函数）。这些权限可以被授予全局权限和数据库权限。而且除了 CREATE ROUTINE 外，这些权限可以被授予子程序权限，并存储在 mysql. procs_priv 表中。

（2）为用户授权的 GRANT 语句

在 MySQL 中为用户授予权限的 GRANT 语句的基本格式为：

GRANT priv_type

［column_list］

ON table_name｜＊｜＊.＊｜database_name. ＊

TO 'username'@'localhost'［,...n］

［WITH GRANT OPTION］;

参数说明：

①priv_type：表示权限的类型。具体的权限类型参见表 9-1。

②column_list：可选参数。表示权限作用于哪些列上，列名与列名之间用逗号隔开。如果不指定该参数表示权限赋予整个表。

③ON 子句：表示指出所授的权限范围。table_name 表示表权限，适用于指定表中的所有列；＊表示如果未选择而缺省数据库，则它的含义同 ＊.＊，否则为当前数据库的数据库权限；＊.＊表示全局权限，适用于所有数据库和所有表；database_name. ＊表示表权限，适用于指定数据库中的指定表的所有列。

④TO 子句：用于指定一个或多个 mysql 用户，用户间用"，"间隔。

⑤WITH GRANT OPTION：将自己的权限赋予其他用户。

例 9-6　创建一个新用户，用户名为"lin"，密码为"123"，并将 SELECT 和 INSERT 权限赋予该用户。

CREATE USER 'lin'@'localhost' IDENTIFIED BY '123';

GRANT SELECT,INSERT

ON ＊.＊

TO 'lin'@'localhost'

6. 撤销用户权限

撤销用户权限就是取消已经赋予用户的某些权限。撤销用户不必要的权限在一定程度上可以保证数据的安全性。用户账户的记录将从 db,tables_priv 和 columns_priv 表中删除,但是用户账户记录仍然保存在 user 表中。撤销权限使用 REVOKE 语句来实现。

REVOKE priv_type

ON table_name| * | * . * |database_name. *

FROM ′username′@′localhost′ cascade[,...n];

参数说明:

priv_type:表示权限的类型,具体的权限类型见表 9-1。如果为 ALL PRIVILEGES 表示所有权限,GRANT OPTION 表示授权权限。

其他参数与 GRANT 语句相同。

例 9-7　收回 lin 用户所拥有的 INSERT 权限。

REVOKE INSERT

FROM ′lin′@′localhost′

知识点 4　数据库的备份与恢复

任何系统都有可能发生灾难。服务器、MySQL 也会崩溃,也有可能遭受入侵,数据有可能被删除。只有为最糟糕的情况做好了充分的准备,才能够在事后快速地从灾难中恢复。企业最好把备份过程作为服务器的一项日常工作。

随着自动化办公与电子商务的不断发展,企业对信息系统的依赖性越来越高,而数据库在信息系统中担任着非常重要的角色。尤其是一些对数据可靠性要求高的行业,如果发生数据丢失,其损失是非常严重的。因此,对数据库进行备份和恢复是完全有必要的。

1. 造成数据丢失的因素

用户使用数据库是因为要利用数据库来管理和操作数据,数据对于用户来说是非常宝贵的资产。数据存放在计算机上,即使是最可靠的硬件和软件,也会出现系统故障或发生意外。所以,应该在意外发生之前做好充分的准备工作,以便在意外发生之后有相应的措施能快速恢复数据库,并将丢失的数据量降到最低。造成数据损失的因素有很多种,大致可分为以下几类:

(1)存储介质故障

存储介质故障即外存储介质故障,如磁盘损坏、磁头碰撞、瞬时强磁场干扰等。这类故障使数据库受到破坏,并影响正在存取这部分数据的事务。介质故障发生的可能性较小,但破坏性很强,有时会造成数据库无法恢复。

(2)系统故障

系统故障通常称为软故障,是指造成系统停止运行的任何事件,使系统必须重新启动,如突然停电、CPU 故障、操作系统故障、误操作等。

(3)用户的错误操作

如果用户无意或恶意地在数据库上进行了大量的非法操作,如删除了某些重要数据,甚至删除了整个数据库等,数据库系统将处于难以使用和管理的混乱局面。重新恢复条理性的最好办法是使用备份信息将数据库系统重新恢复到可靠、稳定、一致的状态。

（4）服务器彻底崩溃

再好的计算机、再稳定的软件也存在漏洞，如果某一天数据库服务彻底瘫痪，用户面对的将是重建系统的艰难局面。如果事先进行过完善而彻底的备份操作，就可以迅速完成系统的重建工作，并将数据灾难造成的损失降到最低。

（5）自然灾难

不管硬件性能多么出色，如果遇到台风、水灾、火灾、地震，一切都将无济于事。

（6）计算机病毒

计算机病毒是人为故障，轻则使部分数据不正确，重则使整个数据库遭到破坏。

还有许多想象不到的原因如程序错误、人为操作错误、运算错误、磁盘故障和盗窃等，时刻都在威胁着人们的计算机，随时可能使系统崩溃而无法正常工作。或许在不经意间，用户的数据以及长时间积累的资料就会化为乌有。唯一的恢复方法就是拥有有效的备份。

2. 数据备份的分类

（1）按备份时服务器是否在线划分

①冷备份（脱机备份）：在数据库关闭状态下进行备份操作。

②热备份（联机备份）：在数据库处于运行状态时进行备份操作，该备份方法依赖数据库的日志文件。

③温备份：数据库锁定表格（不可写入但可读）的状态下进行备份操作。

（2）按备份的内容划分

①物理备份：对数据库操作系统的物理文件（如数据文件、日志文件等）的备份，这种类型的备份适用于在出现问题时需要快速恢复的大型重要数据库。

②逻辑备份：对数据库逻辑组件（如表等数据库对象）的备份，这种类型的备份适用于可以编辑数据值或表结构较小的数据量，或者在不同的机器体系结构上重新创建数据。

（3）按备份涉及的数据范围划分

从备份涉及的数据范围划分可分为完全备份、差异备份和增量备份。

①完全备份：每次对数据进行完整的备份，即对整个数据库、数据库结构和文件结构的备份，保存的是备份完成时刻的数据库，是差异备份与增量备份的基础。完全备份的备份与恢复操作都非常简单方便，但数据存在大量的重复，并且会占用大量的磁盘空间，备份时间也很长。

②差异备份：备份那些从上一次完全备份之后被修改过的所有文件，备份的时间节点是从上次完全备份起，备份数据量会越来越大。恢复数据时，只需恢复上次的完全备份与最近一次的差异备份。

③增量备份：只有那些在上次完全备份或者增量备份后被修改的文件才会被备份。以上次完全备份或上次增量备份的时间为节点，仅备份这之间的数据变化，因而备份的数据量小，占用空间小，备份速度快。但恢复时，需要从上一次的完全备份开始到最后一次增量备份之间的所有增量依次恢复，如中间某次的备份数据损坏，将导致数据丢失。

3.数据备份常见的方法

(1)使用 MySQL 可视化管理工具备份和恢复数据库。

(2)使用 SQL 语句的 mysqldump 命令备份数据库或数据表的数据。

4.数据恢复的手段

数据恢复是数据备份的逆过程,就是当数据库出现故障时,将备份的数据库加载到系统,从而使数据库恢复到备份时的正确状态。MySQL 提供了三种保证数据安全的方法。

(1)数据库备份

通过导出数据或者表文件的拷贝来保护数据。

(2)二进制日志文件

保存更新数据的所有语句。

(3)数据库复制

MySQL 内部复制功能。建立在两个或两个以上服务器之间,通过设定它们的主从关系来实现,其中一个作为主服务器,其他的作为从服务器。在此主要介绍前两种方法。

数据库恢复是数据库备份相对应的系统维护和管理操作。系统进行恢复操作时,先执行系统安全检查,包括检查所要恢复的数据库是否存在、数据库是否变化及数据库文件是否兼容等,然后根据采用的数据库备份类型采取相应的恢复措施。

微课
学生信息管理数据库的
用户创建与管理

任务 9.1 学生信息管理数据库的用户创建与管理

任务分析

MySQL 默认的 root 用户拥有对所有数据库和 MySQL 数据库系统管理和维护的所有权限,原则上只在管理数据库的时候才能使用。对于某一个具体应用系统的数据库,如果在项目中要连接 MySQL 数据库,建议新建一个权限较小的用户来连接,并授予相应的权限。

本任务的功能要求如下:

(1)在 MySQL 中使用 Navicat 图形化管理工具新建两个用户,用户名分别为"teach"和"zhangli",密码分别为"t123456"和"z123456",建立后测试是否能连接到 MySQL 服务器。

(2)在 MySQL 中使用 CREATE USER 语句新建用户,用户名为"liqiang",密码为"1234",并测试是否能连接到 MySQL 服务器。

(3)在 MySQL 中使用 RENAME USER 语句修改"teach"用户名为"teacher"。

(4)在 MySQL 中使用 DROP USER 语句将用户"zhangli"删除。

任务实施

1. 在 MySQL 中使用 Navicat 图形化管理工具新建两个用户，用户名分别为"teach"和"zhangli"，密码分别为"t123456"和"z123456"，建立后测试是否能连接到 MySQL 服务器。

步骤 1　在 Navicat for MySQL 平台下单击工具栏中的"用户"图形按钮。

步骤 2　在"对象"区域的工具栏中单击"新建用户"按钮，打开创建新用户的界面。

步骤 3　在"常规"选项卡的"用户名"文本框中输入"teach"，在"主机"文本框中输入"localhost"，在"密码"文本框中输入"t123456"，在"确认密码"文本框中同样输入"t123456"，如图 9-4 所示，单击"保存"命令完成用户 teach 的创建。

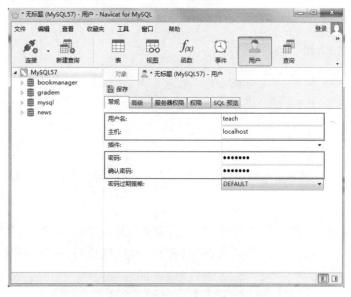

图 9-4　使用图形工具添加用户 teach

步骤 4　设置用户 teach 服务器权限为 Execute 和 Reload，方便打开连接时选择数据库，如图 9-5 所示，并保存。

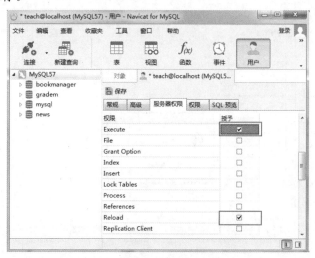

图 9-5　设置用户 teach 的服务器角色

步骤5   测试用户 teach 是否能连接到 MySQL 服务器。单击图形命令按钮"连接",选择
"MySQL..."命令,在"MySQL-新建连接"对话框的"常规"选项卡中,分别设置"连接名"为
"th","用户名"为"teach","密码"为"t123456",如图 9-6 所示。

图 9-6   新建连接"常规"设置

步骤6   在"数据库"选项卡中,勾选"使用自定义数据库列表"选项,在数据库列表中选择
"gradem"数据库,单击左下方"测试连接"按钮,显示连接成功,单击"确定"按钮,如图 9-7
所示。

图 9-7   用户 teach 测试连接

步骤7　单击"确定"按钮关闭"MySQL-新建连接"对话框,打开连接"th",会看到 gradem 数据库,但此时用户 teach 没有对数据库 gradem 的操作权限,需要对其授予相应的操作权限。

步骤8　使用同样的方法创建用户 zhangli,测试是否能连接到 MySQL 服务器,连接名为 zl,创建结果如图 9-8 所示。

图 9-8　用户 zhangli 创建并测试完成

2. 在 MySQL 中使用 CREATE USER 语句新建用户,用户名为"liqiang",密码为"1234", 并测试是否能连接到 MySQL 服务器。

步骤1　在 Navicat for MySQL 平台下单击工具栏上的"新建查询"按钮,打开一个空白 的 SQL 脚本文件窗口,连接名选择"MySQL57",输入以下 SQL 语句:

CREATE USER ′liqiang′@′localhost′ IDENTIFIED BY ′1234′;

步骤2　单击"运行"按钮执行 SQL 语句,完成用户 liqiang 的创建,如图 9-9 所示。

图 9-9　使用 SQL 语句添加用户 liqiang

步骤3　测试用户 liqiang 是否能连接到 MySQL 服务器。单击图形命令按钮"连接",选 择"MySQL…"命令,在"MySQL-新建连接"对话框的"常规"选项卡中,分别设置"连接名"为 "lq","用户名"为"liqiang","密码"为"1234"。

步骤4　单击左下方"测试连接",则连接成功,如图 9-10 所示。

3. 在 MySQL 中使用 RENAME USER 语句修改"teach"用户名为"teacher"。

步骤1　在 Navicat for MySQL 平台下单击工具栏上的"新建查询"按钮,打开一个空白 的 SQL 脚本文件窗口,连接名选择"MySQL57",输入以下 SQL 语句:

RENAME USER 'teach'@'localhost' TO 'teacher'@'localhost';

步骤2 单击"运行"按钮执行 SQL 语句,完成用户名的修改,如图 9-11 所示。

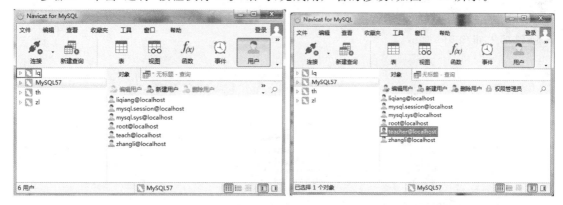

图 9-10 用户 liqiang 连接到 mysql 服务器   图 9-11 修改用户名为 teacher

小提示

先关闭连接 th 再进行用户名的修改。用户名修改后,重新编辑连接 th,进行服务器的连接。

4. 在 MySQL 中使用 DROP USER 语句将用户 zhangli 删除。

步骤1 在 Navicat for MySQL 平台下单击工具栏上的"新建查询"按钮,打开一个空白的 SQL 脚本文件窗口,连接名选择"MySQL57",输入以下 SQL 语句:

DROP USER 'zhangli'@'localhost';

步骤2 单击"运行"按钮执行 SQL 语句,完成用户 zhangli 的删除。

小提示

用户 zhangli 删除后,无法使用连接名 zl 连接到 MySQL 服务器。

微 课

学生信息管理数据库的
用户权限的授予和收回

任务 9.2 学生信息管理数据库的用户权限的授予和收回

任务分析

新建的用户没有对数据库对象的访问权限,使用 root 用户的管理员身份为新建用户授予相应的权限,新用户才能访问数据库中的对象。在任务 9.1 建立的 teacher 用户和 liqiang 用户只具有登录权限,不能访问任何数据库。在 MySQL 中可以使用 GRANT 和 REVOKE 语句为用户授予权限和撤销权限。

本任务的功能要求如下:

(1)在 MySQL 中使用 Navicat 图形化管理工具授予用户 teacher 对 gradem 数据库 sc 表上的 Insert,Delete,Select,Update 的访问权限。

　　(2)在 MySQL 中使用 GRANT 语句授予用户 liqiang 对 gradem 数据库 sc 表上的 Insert 和 Select 的访问权限,并允许转授其他用户。

　　(3)在 MySQL 中使用 Revoke 语句将用户 liqiang 对 gradem 数据库 sc 表的 Insert 访问权限撤销。

任务实施

　　1. 在 MySQL 中使用 Navicat 图形化管理工具授予用户 teacher 对 gradem 数据库 sc 表上的 Insert,Delete,Select,Update 的访问权限。

　　步骤 1　在 Navicat for MySQL 平台下单击工具栏中"用户"图形按钮,选择用户 teacher,在"对象"区域的工具栏中单击"编辑用户"按钮,如图 9-12 所示。在打开的窗口中切换到"权限"选项卡,用户 teacher 目前在数据库 gradem 中没有任何权限,如图 9-13 所示。

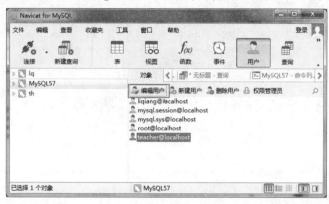

图 9-12　编辑用户 teacher

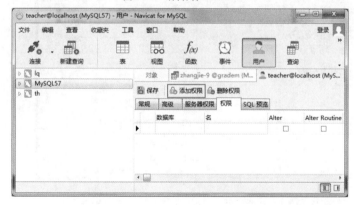

图 9-13　用户 teacher 无权限

　　步骤 2　单击"添加权限"按钮,将数据库 gradem 中对 sc 表的 Delete,Insert,Select,Update 权限授予用户 teacher,如图 9-14 所示。

　　步骤 3　切换到"权限"选项卡,则会看到用户 teacher 被授予的权限,如图 9-15 所示,单击"保存"按钮,完成用户 teacher 对 sc 表的权限设置。

　　步骤 4　使用用户 teacher 打开连接"th",打开并展开数据库"gradem",展开"表",则用户 teacher 可以对 sc 表实现 Insert,Delete,Select,Update 操作,如图 9-16 所示。

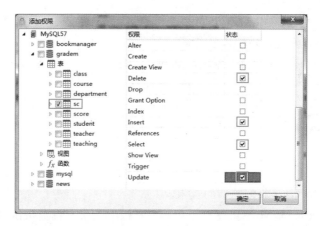

图 9-14　设置用户 teacher 在 sc 表上的访问权限

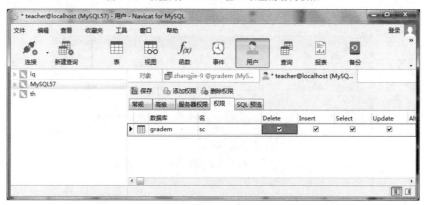

图 9-15　用户 teacher 具有的权限

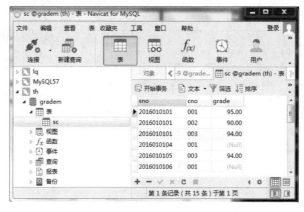

图 9-16　用户 teacher 具有对数据库 gradem 中 sc 表的操作权限

2. 在 MySQL 中使用 GRANT 语句授予用户 liqiang 对 gradem 数据库 sc 表上的 INSERT 和 SELECT 的访问权限,并允许转授其他用户。

步骤 1　在 Navicat for MySQL 平台下单击工具栏上的"新建查询"按钮,打开一个空白的 SQL 脚本文件窗口,连接名选择"MySQL57",数据库名选择"gradem",输入以下 SQL 语句:

GRANT Insert，Select ON TABLE ′gradem′. ′sc′ TO ′liqiang′@′localhost′
with Grant Option；

步骤2 单击"运行"按钮执行 SQL 语句,完成对用户 liqiang 的权限设置,如图 9-17
所示。

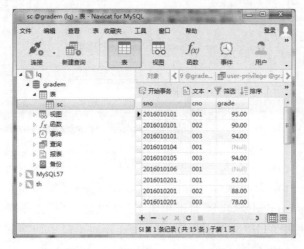

图 9-17 设置用户 liqiang 在 sc 表上的访问权限

步骤3 编辑用户 liqiang,切换到"权限"选项卡,则会看到用户 liqiang 被授予的权限,如
图 9-18 所示。

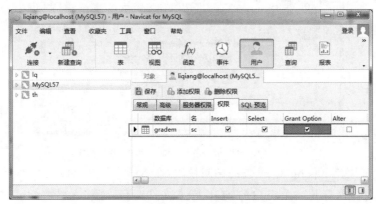

图 9-18 用户 liqiang 具有的权限

步骤4 验证用户 liqiang 对 sc 表的访问权限:在 Navicat for MySQL 平台下单击工具栏
上的"新建查询"按钮,打开一个空白的 SQL 脚本文件窗口,连接名选择"lq",数据库名选择
"gradem",输入 SQL 语句"DELETE FROM sc WHERE sno='2016010101';",单击"运行"按
钮执行 SQL 语句,运行结果如图 9-19 所示,用户不具有对 sc 表的 Delete 权限,无法删除 sc 表
中的记录。

3. 在 MySQL 中使用 REVOKE 语句将用户 liqiang 对 gradem 数据库 sc 表的 Insert 访问
权限撤销。

步骤1 在 Navicat for MySQL 平台下单击工具栏上的"新建查询"按钮,打开一个空白的
SQL 脚本文件窗口,连接名选择"MySQL57",数据库名选择"gradem",输入以下 SQL 语句:

REVOKE Insert ON TABLE 'gradem'.'sc' FROM 'liqiang'@'localhost';

步骤2 单击"运行"按钮执行 SQL 语句,完成用户 liqiang 在 sc 表上的 Insert 权限的
取消。

图 9-19　用户 liqiang 不具有对 sc 表的删除权限

步骤 3　在 Navicat for MySQL 平台下单击工具栏中"用户"图形按钮,选择用户 liqiang,在"对象"区域的工具栏中单击"编辑用户"按钮,在打开的窗口中切换到"权限"选项卡,用户 liqiang 在数据库 gradem 中 sc 表上的 Insert 权限已取消,如图 9-20 所示。

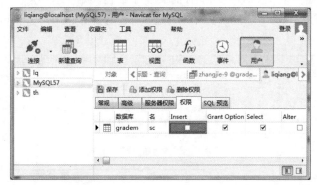

图 9-20　用户 liqiang 在 sc 表上的操作权限

步骤 4　验证用户 liqiang 对 sc 表的访问权限:在 Navicat for MySQL 平台下单击工具栏上的"新建查询"按钮,打开一个空白的 SQL 脚本文件窗口,连接名选择"lq",数据库名选择"gradem",输入 SQL 语句"INSERT INTO sc VALUES('2016010101','004',88)",单击"运行"按钮执行 SQL 语句,运行结果如图 9-21 所示,用户不具有对 sc 的 Insert 权限,无法在 sc 表中插入记录。

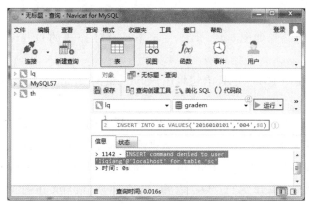

图 9-21　用户 liqiang 不具有对 sc 表的 Insert 权限

任务 9.3　学生信息管理数据库的备份

任务分析

数据备份是数据库管理员的重要工作,系统意外崩溃或者硬件损坏都可能导致数据库丢失,因此 MySQL 管理员应该定期对数据库进行备份,以便在意外情况发生时,尽可能减少损失。数据备份有四种方法,下面的操作中只介绍常用的两种方法,分别是使用 Navicat 图形化管理工具和 mysqldump 命令。

微　课

学生信息管理数据库的备份

在 MySQL 中使用 mysqldump 命令备份数据库的基本格式如下:

mysqldump -u user -h host -ppassword dbname[tbname,[…]]>filename. sql;

参数说明:

user:登录用户的名称。

host:登录用户的主机名称。

password:登录密码。注意在使用此参数时-p 和 password 之间不能有空格。

dbname:需要备份的数据库名称。

tbname:dbname 数据库中需要备份的数据表,可以指定多个需要备份的表。若缺少该参数,则表示备份整个数据库。

>:为备份数据表的定义和数据定义备份文件。

filename. sql:备份文件名称,其中包括该文件所在路径。

另外 mysqldump 是 MySQL 数据库系统的外部命令,需要在命令提示符下执行。

本任务的功能要求如下:

使用 Navicat 图形化管理工具对 gradem 数据库进行备份,备份文件名为“gradem 2020”。

任务实施

步骤 1　在 Navicat for MySQL 平台下单击工具栏中“备份”图形按钮。

步骤 2　在“对象”区域的工具栏中单击“新建备份”按钮,如图 9-22 所示。

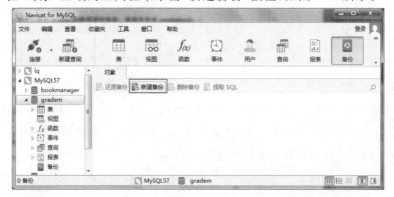

图 9-22　为数据库 gradem 新建备份

　　步骤 3　在"新建备份"窗口切换到"常规"选项卡,在注释框中输入注释内容"备份 gradem 数据库",如图 9-23 所示。

　　步骤 4　切换到"对象选择"选项卡,选择备份数据库对象为"表",如图 9-24 所示。

图 9-23　设置备份数据库注释　　　　　　　　　图 9-24　选择备份数据库对象

　　步骤 5　切换到"高级"选项卡,选择"锁定全部表"选项,在"使用指定文件名"文本框中输入备份文件名"gradem2020",如图 9-25 所示。

　　步骤 6　单击"开始"按钮,自动切换到"信息日志"选项卡中,开始备份过程,并显示相应的提示信息,单击"保存"按钮,弹出"配置文件名"对话框,在该对话框的"输入配置文件名"文本框中输入文件名"gradem_backup2020",如图 9-26 所示,单击"确定"按钮保存备份操作并关闭"新建备份"对话框。

图 9-25　指定备份文件名　　　　　　　　　　图 9-26　指定配置文件名

　　步骤 7　备份操作完成后,在 Navicat for MySQL 平台下,主窗口右侧区域将会显示备份文件列表,如图 9-27 所示。选中备份文件"gradem2020",右击,在弹出的快捷菜单中选择"在文件夹中显示"命令,即可打开备份文件所在的文件夹。

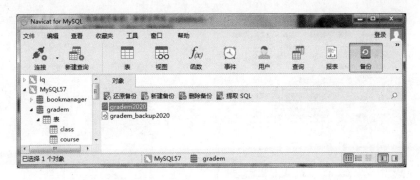

图 9-27 数据库 gradem 备份文件列表

任务 9.4 学生信息管理数据库的恢复

任务分析

　　恢复数据库,就是让数据库根据备份的数据回到备份时的状态。当数据丢失或被意外破坏时,可以通过数据恢复已经备份的数据,尽量减少数据丢失和破坏造成的损失。任务 9.3 对学生信息管理数据库 gradem 使用两种方法进行了备份,本任务对其进行数据恢复。常用数据恢复的方法有两种,一种是使用 Navicat 图形化管理工具,另一种是使用 mysql 命令。

微 课

学生信息管理数据库的恢复

　　在 MySQL 中使用 mysql 命令恢复数据库的命令格式如下:

mysql -u user -ppassword [dbname]＜filename.sql;

　　参数说明:

　　dbname:数据库名称,该参数是可选参数,如果指定数据库名表示恢复该数据库中的表。不指定数据库名时,表示恢复特定的一个数据库。如果 filename.sql 文件为 mysqldump 工具创建的备份文件,则执行时不需要指定数据库名。

　　另外 mysql 是 MySQL 数据库系统的外部命令,需要在命令提示符下执行。

　　本任务的功能要求如下:

　　使用 Navicat 图形化管理工具将任务 9.3 备份的 gradem2020 数据库恢复。

任务实施

　　步骤 1　在 Navicat for MySQL 平台下单击工具栏中"备份"图形按钮。

　　步骤 2　在"对象"区域中会显示备份的数据库文件,选择数据库备份文件"gradem2020",单击"还原备份"按钮,如图 9-28 所示。

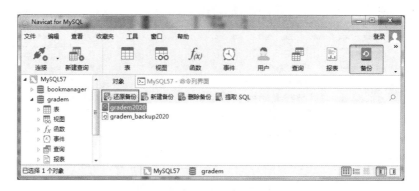

图 9-28　数据库 gradem 备份文件列表

步骤 3　在"gradem2020-还原备份"窗口，单击"开始"按钮，弹出提示框，如图 9-29 所示，单击"确定"按钮，进行还原备份，完成时如图 9-30 所示。

图 9-29　还原数据库 gradem

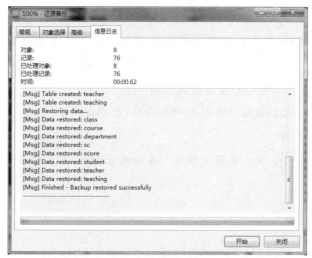

图 9-30　数据库 gradem 还原备份完成

任务9.5　学生信息管理数据库中表数据的导入和导出

学生信息管理数据库中
数据的导入和导出

任务分析

有时需要将 MySQL 数据库中的数据导出到外部存储文件中,MySQL 数据库中的数据可以导出为 SQL 文本文件、XML 文件、TXT 文件、XLS 文件和 HTML 文件。同理,导出的文件也可以导入 MySQL 数据库中。在 MySQL 中实现数据导入和导出可以使用 Navicat 图形化管理工具、SELECT...INTO OUTFILE 语句和 LOAD DATA INFILE 语句、mysqldump 命令和 mysqlimport 命令,也可以使用 mysql 命令实现。这里只介绍前三种。

1. 使用 SELECT...INTO OUTFILE 语句和 LOAD DATA INFILE 语句导出和导入文本文件

(1)使用 SELECT...INTO OUTFILE 语句导出文本文件

MySQL 数据库导出数据时,允许使用包含导出定义的 SELECT 语句进行数据导出操作。该文件被创建在服务器主机上,因此必须拥有文件写入权限(FILE 权限)才能使用此方法导出数据。该语句导出的文件不能是已经存在的文件。

SELECT...INTO OUTFILE 语句的基本格式如下:

SELECT <filefileds> FROM <tablename> [WHERE <expers>] INTO OUTFILE '[文件路径]文件名' [OPTIONS];

OPTIONS 选项有以下参数:

①FIELDS TERMINATED BY 'value':设置字段之间的分隔字符,可以为单个或多个字符,默认情况下为制表符"\t"。

②FIELDS [OPTIONALLY] ENCLOSED BY 'value':设置字段的包围字符,只能为单个字符,如果使用 OPTIONALLY,则只能包括 CHAR 和 VARCHAR 字符数据字段。

③FIELDS ESCAPED BY 'value':设置如何写入或读取特殊字符,只能为单个字符,即设置黑底字符,默认值为反斜线"\"。

④LINES STARTING BY 'value':设置每行数据开头的字符,可以为单个或多个字符,默认情况下不使用任何字符。

⑤LINES TERMINATED BY 'value':设置每行数据结尾的字符,可以为单个或多个字符,默认值为"\n"。

FIELDS 和 LINES 两个子句都是可选的,但是如果两个都被指定了,FIELDS 就必须位于 LINES 的前面。

（2）使用 LOAD DATA INFILE 语句导入文本文件

LOAD DATA INFILE 语句用于高速地从一个文本文件中读取行，并装入一个表中。文件名必须为文字字符串。

LOAD DATA INFILE 语句的基本语法格式如下：

LOAD DATA INFILE ′filename. txt′ INTO TABLE tablename ［OPTIONS］［IGNORE number LINES］

其中，filename. txt 表示导入数据的来源。tablename 表示待导入的数据表名称，必须事先存在。［OPTIONS］选项为可选参数，语法与 SELECT ... INTO OUTFILE 语句中的［OPTIONS］相同。

［IGNORE number LINES］选项表示忽略文件开始处的行数，number 表示忽略的行数。

执行 LOAD DATA INFILE 语句需要 FILE 权限。

2. 使用 mysqldump 命令和 mysqlimport 命令导出和导入文本文件

（1）使用 mysqldump 命令导出文本文件

除了使用 SELECT ... INTO OUTFILE 语句导出文本文件外，还可以使用 mysqldump 命令。mysqldump 命令不仅可以将数据导出为包含 CREATE 和 INSERT 的 SQL 文件，还可以导出为纯文本文件。

mysqldump 导出文本文件的语法格式如下：

mysqldump -u user -p -T path dbname ［tables］［OPTIONS］;

参数说明：

-T：表示导出纯文本文件。

path：表示导出数据的路径。

tables：表示指定要导出的表的名称。如果不指定，将导出数据库 dbname 中的所有表。

OPTIONS：可选参数，需要结合 -T 选项使用。常用的参数如下：

①--fields-terminated-by＝value：设置字段之间的分隔字符，可以为单个或多个字符，默认情况下为制表符"\t"。

②--fields-enclosed-by＝value：设置字段的包围字符。

③--fields-optionally-enclosed-by＝value：设置字段的包围字符，只能为单个字符，如果使用 OPTIONALLY，则只能包括 char 和 varchar 字符数据字段。

④--fields-escaped-by＝value：设置如何写入或读取特殊字符，只能为单个字符，即设置黑底字符，默认值为反斜线"\"。

⑤--lines-terminated-by＝value：设置每行数据结尾的字符，可以为单个或多个字符，默认值为"\n"。

注意：与 SELECT... INTO OUTFILE 语句中的 OPTIONS 各个参数设置不同，这里的 OPTIONS 各个选项等号后面的 value 值不要用引号引起来。

（2）使用 mysqlimport 命令导入文本文件

使用 mysqlimport 命令可以导入文本文件，并且不需要登录 MySQL 客户端。

mysqlimport命令提供许多与 LOAD DATA INFILE 语句相同的功能,大多数选项直接对应 LOAD DATA INFILE 子句。使用 mysqlimport 命令需要指定所需的选项、导入的数据库名称以及导入的数据文件的路径和文件名。

mysqlimport 命令导入数据的基本语法格式如下:

mysqlimport -u -user -p dbname filename. txt〔OPTIONS〕

参数说明:

dbname:表示导入表所在的数据库名称,注意 mysqlimport 命令不导入数据库表名称,数据表的名称由导入文件名称确定,即文件名作为表名。导入数据前该表必须存在。

OPTIONS:可选参数,与 mysqldbump 命令相同,请参考该命令的解释。

本任务的功能要求如下:

(1)使用 Navicat 图形化管理工具将 gradem 数据库的 student 表导出到 XLS 文件中,保存在 D 盘,文件名为 student. xls。

(2)使用 Navicat 图形化管理工具将 D:\student. xls 数据导入 new_student 表中。

(3)使用 Navicat 图形化管理工具将 gradem 数据库的 teacher 表中的数据导出为文本文件 teacher. txt。

(4)使用 Navicat 图形化管理工具将 teacher. txt 数据导入 teacher_info 表中。

任务实施

1. 使用 Navicat 图形化管理工具将 gradem 数据库的 student 表导出到 XLS 文件中,保存在 D 盘,文件名为 student. xls。

步骤 1 在 Navicat for MySQL 平台下,打开连接"MySQL57",打开并展开数据库"gradem",展开"表",右击"student"表,在弹出的快捷菜单中选择"导出向导"命令,如图 9-31 所示。

步骤 2 在"导出向导"窗口中,"导出格式"选择"Excel 数据表(* . xls)",如图 9-32 所示。

图 9-31 student 表导出向导   图 9-32 student 表导出格式选择

步骤 3 单击"下一步"按钮,在当前窗口,选取需要导出的数据表"student",并设置导出路径为"D:\",如图 9-33 所示。

步骤4 单击"下一步"按钮,在当前窗口,选取表中需要导出的列为"全部字段",如图 9-34 所示。

图 9-33 student 表导出路径设置　　　　　　图 9-34 student 表中导出的列

步骤5 单击"下一步"按钮,在当前窗口,勾选"包含列的标题"和"遇到错误时继续"两个复选框,如图 9-35 所示。单击"下一步"按钮,再单击"开始"按钮,完成 student 表的导出,如图 9-36 所示,关闭导出向导窗口。

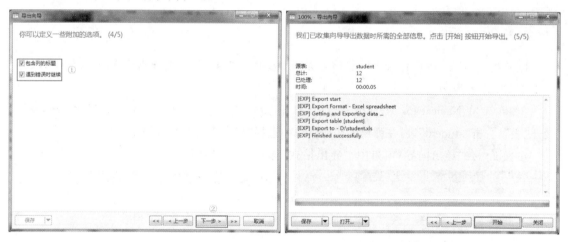

图 9-35 student 表导出附加选项　　　　　　图 9-36 student 表导出完成

2. 使用 Navicat 图形化管理工具将 D:\studnet. xls 数据导入 new_student 表中。

步骤1 在 Navicat for MySQL 平台下,打开连接"MySQL57",打开并开展数据库"gradem",展开"表",右击"表",在弹出的快捷菜单中选择"导入向导"命令,如图 9-37 所示。

步骤2 在"导入向导"窗口中,"导入类型"选择"Excel 文件(＊.xls;＊.xlsx)",如图 9-38 所示。

步骤3 单击"下一步"按钮,在当前窗口,选取 D 盘上需要导入的文件"student. xls",如图 9-39 所示。

步骤4 单击"下一步"按钮,在当前窗口,根据需要设置附加选项,此处选择默认设置,如图 9-40 所示。

图 9-37 数据导入

图 9-38 导入文件格式选择

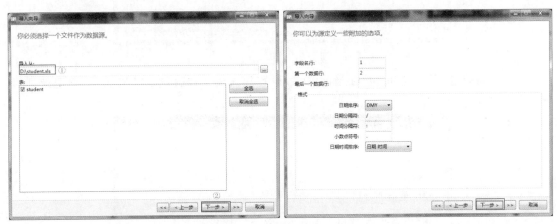

图 9-39 选取导入文件　　　　　　　　　　　　图 9-40 导入附加设置

步骤 5　单击"下一步"按钮，在当前窗口，输入新的表名"new_student"，如图 9-41 所示。

图 9-41 设置新表名为 new_student

　　步骤 6　单击"下一步"按钮,在当前窗口,设置新表的结构,即新表所包含的列,此处选取所有列,如图 9-42 所示。

图 9-42　表结构设置

　　步骤 7　单击"下一步"按钮,在当前窗口,设置导入模式,默认选择"追加:添加记录到目标表",如图 9-43 所示。

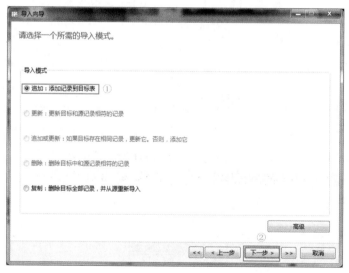

图 9-43　导入模式设置

　　步骤 8　单击"下一步"按钮,在当前窗口,单击"开始"按钮,完成数据的导入,如图 9-44 所示,关闭导入向导。

　　步骤 9　在 Navicat for MySQL 平台下,打开连接"MySQL57",打开并展开数据库"gradem",展开"表",新表 new_student 已被成功导入数据库 gradem 中,如图 9-45 所示。

　　3. 使用 Navicat 图形化管理工具将 gradem 数据库的 teacher 表中的数据导出为文本文件 teacher.txt。

　　步骤 1　展开"gradem"数据库,右击"表",在弹出的快捷菜单中选择"导出向导"命令,如图 9-46 所示。

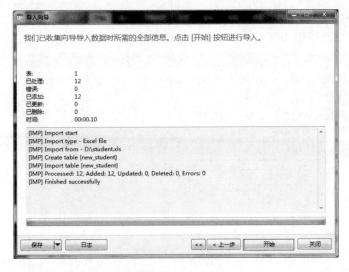

图 9-44　导入完成

图 9-45　new_student 表导入数据库中

图 9-46　"导出向导"菜单项

　　步骤 2　执行"导出向导"命令，打开"导出向导"窗口，在"导出向导"窗口中选择"文本文件(∗.txt)"，单击"下一步"按钮。如图 9-47 所示。

图 9-47　选择导出格式

步骤3　在当前窗口选中"teacher"表,然后在导出到位置选择导出路径及导出后文件名字,本任务将导出位置设置为"D:\mysql",导出文件名设置为"teacher.txt",如图9-48所示。

图9-48　定义附加项

步骤4　单击"下一步"按钮,在当前窗口选择列,默认是全部选中,也可手动选择列,如图9-49所示。

图9-49　选择列

步骤5　单击"下一步"按钮,在当前窗口可以选择导出到文本文件中的记录分隔符、字段分隔符以及进行格式设置。

步骤6　单击"下一步"按钮,之后单击"开始"按钮,完成导出,然后单击"关闭"按钮退出。

4.使用Navicat图形化管理工具将teacher.txt数据导入新表teacher_info表中。

步骤1　展开"gradem"数据库,右击表,在弹出的快捷菜单中选择"导入向导",打开"导入向导"窗口。

步骤2　在"导入向导"窗口中选择"文本文件",然后单击"下一步"按钮,在当前窗口,选择"D:\mysql\teacher.txt",编码格式选择"65001(UTF-8)",如图9-50所示。

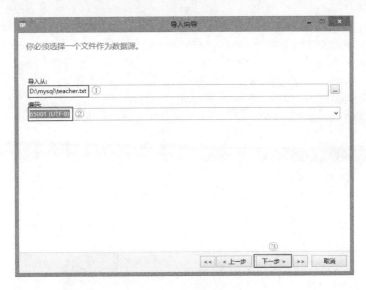

图 9-50　选择数据源

　　步骤 3　单击"下一步"按钮，用默认选项，再单击"下一步"按钮，继续单击"下一步"按钮，在目标表中输入新表名"teacher_info"，如图 9-51 所示。

图 9-51　输入新表名

　　步骤 4　单击"下一步"按钮，打开如图 9-52 所示窗口。在该窗口中可以对新表的数据类型进行重新设置。

　　步骤 4　单击"下一步"按钮，打开如图 9-53 所示窗口。

　　步骤 5　如果是新表，可以选择"追加：添加记录到目标表"，也可选择"复制：删除目标全部记录，并从源重新导入"；如果是已经存在的表并且表中已有数据，想保留原数据就选择"追加：添加记录到目标表"，否则选择"复制：删除目标全部记录，并从源重新导入"。本例选择"追加：添加记录到目标表"，单击"下一步"按钮，然后单击"开始"按钮，完成数据导入。

图 9-52　对新表结构进行调整

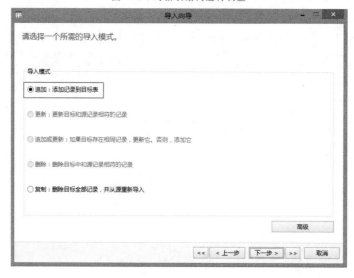

图 9-53　选择导入模式

项目实训　图书销售管理数据库的安全性管理

一、实训的目的和要求

1. 掌握使用 Navicat 图形化管理工具对用户进行管理。
2. 掌握使用 SQL 语句和命令对用户进行管理。
3. 掌握使用 Navicat 图形化管理工具授予和撤销用户的访问权限。
4. 掌握使用 SQL 语句或命令授予和撤销用户的访问权限。
5. 掌握使用 Navicat 图形化管理工具和 SQL 语句或命令进行数据库备份和恢复。
6. 掌握数据的导入和导出。

二、实训内容

1. 利用 Navicat 图形化管理工具使用 root 用户创建用户 aric，初始密码设置为"112345"。

2. 利用 Navicat 图形化管理工具使用 root 用户将 aric 用户的密码修改为"123456"。

3. 利用 Navicat 图形化管理工具删除 aric 用户。

4. 修改 root 用户的密码，密码自定。

5. 使用 CREATE USER 语句创建 exam1 用户，初始密码设置为"123456"。

6. 使用 RENAME USER 语句创建 exam2 用户，初始密码设置为"7890"。

7. 使用 mysqladmin 命令将用户 exam1 的密码设置为 abcdef。

8. 使用 root 用户登录，为 exam1 用户授予 Select，Create，Drop，Super 和 Grant 的操作权限。

9. 使用 exam1 用户登录，为 exam2 用户授予 Create 和 Drop 权限。

10. 使用 root 用户登录，撤销 exam1 和 exam2 用户的所有权限。

11. 使用 DROP USER 语句删除 exam1 和 exam2 用户。

12. 利用 Navicat 图形化管理工具对 bookmanager 数据库进行备份，备份文件名为 bookmanagerbak。

13. 利用 Navicat 图形化管理工具将原 bookmanager 数据库删除，然后将备份文件 bookmanagerbak 恢复为 bookmanager。

14. 利用 Navicat 图形化管理工具备份 bookmanager 数据库的 book 表，备份文件存储在 D:\mysqlbak 文件夹，文件名称为 bookbak.txt。

15. 使用 mysqldump 命令备份 bookmanager 数据库，生成的 bbak.sql 文件存储在 D:\mysqlbak 文件夹中。

16. 使用 mysqldump 命令备份 bookmanager 数据库中的 book 表，生成的 book.sql 存储在 D:\mysqlbak 文件夹。

17. 将 bookmanager 数据库删除。使用 mysql 命令将 bbak.sql 文件恢复为 bookmanager 数据库。

18. 将 bookmanager 数据库中的 book 表删除。使用 mysql 命令将 book.sql 文件恢复 book 表。

19. 利用 Navicat 图形化管理工具将 bookmanager 数据库的 book 表导出为 XLS 文件，保存在 D:\mysqlbak 文件夹，文件名为 book.xls。

20. 利用 Navicat 图形化管理工具将 book.xls 导入数据库 bookmanager，表名为 book1。

项目总结

本项目主要介绍了 MySQL 的安全性，通过创建用户、为用户授予权限、对数据库进行备份和还原提高数据库的安全性。通过本项目的学习，学生掌握了数据库安全性的相关理论，并能运用所学知识保证数据库的安全性和完整性。

思考与练习

一、填空题

1. MySQL 的权限表共有五个,分别是 _____、_____、_____、_____、_____。

2. MySQL 的访问控制分为两个阶段,分别是_____、_____。

3. MySQL 中,授权使用_____语句,收回权限使用_____语句。

二、选择题

1. 用户的名称由(   )来决定。

A. 用户的 IP 地址和主机名

B. 用户使用的用户名和密码

C. 用户的 IP 地址和使用的用户名

D. 用户用于连接的主机名和使用的用户名、密码

2. 收到用户的访问请求后,MySQL 最先在(   )表中检查用户的权限。

A. HOST   B. USER   C. DB   D. PRIV

3. 要想删除账户,应使用(   )语句。

A. DELETE USER   B. DROP USER

C. DELETE PRIV   D. DROP PRIV

4. (   )中提供了执行 mysqldump 之后对数据库的更改进行复制所需的信息。

A. 二进制日志文件   B. MySQL 数据库

C. MySQL 配置文件   D. BIN 数据库

5. 使用 SELECT 语句将表中数据导出到文件,可以使用哪一子句?(   )

A. TO FILE   B. INTO FILE   C. OUTTO FILE   D. INTO OUTFILE

6. 以下哪个表不用于 MySQL 的权限管理?(   )

A. HOST   B. DB

C. COLUMNS_PRIV   D. MANAGER

7. (   )备份是在某一次完全备份的基础上,只备份其后数据的变化。

A. 比较   B. 检查   C. 增量   D. 二次

三、简答题

1. 什么是数据库的安全性?

2. MySQL 的请求核实阶段的过程是什么?

3. 使用 GRANT 语句授予用户权限时,可以分为哪些层级?

4. 导致数据丢失的因素有哪些?

5. 在 MySQL 中备份和恢复数据库的方法分为哪几种?

项目 10

基于.NET新闻发布与管理系统的设计与实现

  通过前面项目的学习,学生掌握了 MySQL 数据库管理系统的基本原理、数据库操作、数据表操作、数据表索引、存储过程、触发器以及数据库安全性管理。为了进一步提高学生的综合设计能力,本项目基于客户端/服务器(B/S)结构,基于.NET 三层架构,根据新闻发布与管理系统的功能需求,以 MySQL 数据库管理系统作为后台数据库,采用 ASP.NET(C♯语言)+IIS6.0+MySQL 的组合开发环境实现新闻发布与管理系统的新闻前台浏览和新闻后台管理两大功能。新闻前台浏览子系统主要由新闻浏览、新闻阅读和新闻评论三个子模块组成,主要负责实现在网页中呈现新闻条目、新闻内容、发布新闻评论等功能。新闻后台管理子系统主要由新闻发布、新闻管理、新闻分类管理、新闻评论管理、用户管理五个模块组成。

  本项目主要介绍应用 MySQL 数据库管理系统结合 ASP.NET 动态网站开发技术,实现新闻发布与管理系统的过程,主要涉及系统的需求分析、系统的功能设计、系统数据库的设计与实现、ASP.NET 程序编码与调试等。通过本项目的学习,学生将初步掌握 MySQL 数据库信息管理系统的设计与实现,提高对 MySQL 数据库的实际应用能力。具体内容请扫描二维码获取。

基于.NET 新闻发布
系统的设计与实现

参 考 文 献

[1] 郑阿奇.MySQL 数据库教程[M].北京:人们邮电出版社,2017.

[2] 汪晓晴.MySQL 数据库基础实例教程[M].北京:人们邮电出版社,2020.

[3] 孙飞显,孙俊玲,马杰.MySQL 数据库实践教程[M].北京:清华大学出版社,2015.

[4] 郑阿奇.MySQL 教程[M].北京:清华大学出版社,2015.

[5] 钱雪忠,王燕玲,张平.MySQL 数据库技术与实验指导[M].北京:清华大学出版社,2012.

[6] 钱刚.MySQL 数据库实战教程(慕课版)[M].北京:人们邮电出版社,2019.

[7] 陈金萍,陈艳,姜广坤.SQL Server 2012 数据库项目化教程[M].北京:清华大学出版社,2017.

[8] 李辉.数据库系统原理及 MySQL 应用教程[M].北京:机械工业出版社,2015.

[9] 武洪萍,孟秀锦,孙灿.MySQL 数据库|原理及应用.2 版.北京:人民邮电出版社,2019.

[10] 屈武江.SQL Server 2012 数据库应用技术[M].大连:大连理工大学出版社,2018.